NUCLEAR

NUCLEAR

MAIELIS GONZÁLEZ

YEGUA DE TROYA

Papel certificado por el Forest Stewardship Council®

MIXTO
Papel | Apoyando la silvicultura responsable
FSC® C117695
FSC
www.fsc.org

Penguin Random House Grupo Editorial

Primera edición: febrero de 2026

Edición a cargo de Gabriela Wiener

Travessera de Gràcia, 47-49. 08021 Barcelona
Diseño de la cubierta y colección: PRHGE-Nora Grosse
Tipografía Inkafont: ©Ángela Miranda
Imagen de la cubierta: © Getty Images

Printed in Spain – Impreso en España

ISBN: 978-84-17417-90-1
Depósito legal: B-21.427-2025

Compuesto en La Nueva Edimac, S. L.
Impreso en Huertas Industrias Gráficas, S. A.
Fuenlabrada (Madrid)

CT17901

¿Me pregunta usted en qué consiste la grandeza del hombre? ¿En que recrea la naturaleza? ¿En que domina las fuerzas cósmicas? ¿En que conquistó el planeta en poco tiempo y abrió una ventana al universo? ¡No! En que, a pesar de todo eso, ha sobrevivido y tiene intenciones de seguir sobreviviendo en el futuro.

Borís y Arkadi Strugatski,
Pícnic extraterrestre

Después reflexioné que todas las cosas le suceden a uno precisamente, precisamente ahora. Siglos de siglos y solo en el presente ocurren los hechos; innumerables hombres en el aire, en la tierra y el mar, y todo lo que realmente pasa me pasa a mí.

Jorge Luis Borges,
«El jardín de senderos que se bifurcan»

Prefiero ser un cyborg a una diosa.

Donna Haraway,
Manifiesto Cyborg

Todos los que están en esta directa y todos los que estamos en el planeta Tierra, un día vamos a amanecer con la boca llena de hormigas. Porque nadie vino a la Tierra a amanecer o a seguir viviendo.

Chocolate MC,
El Rey de los Reparteros,
a través de una directa de Facebook

Primera parte

Benicio

A lo lejos se veían los almendrones. Eran tres: un Chevrolet Corvette de color azul, un Impala negro y un Ford Galaxie rojo brillante. La mochila con la casa de campaña me pesaba muchísimo y tenía ampollas en el pie derecho, porque las botas de senderismo las estaba estrenando con ese viaje. Siempre me pasaba lo mismo: con la primera caminata se me hacían ampollas –unas burbujas rojas y ardientes, que a veces se llenaban de un líquido traslúcido y tibio, brotaban en los sitios donde mis pies rozaban el interior duro de los zapatos–, pero terminaba domándolas a golpe de callos. La situación no me cogía de sorpresa, pues eran las segundas botas que tenía exactamente iguales; compradas en un Decathlon madrileño y enviadas a La Habana por Xiomara, como regalo de cumpleaños; aunque mi cumpleaños fuera en octubre y las botas hubieran llegado a inicios de año. Era su costumbre cuando le pedía que me mandara algo. Nunca decía que no, pero ponía la coda de «este es el regalo por tu cumple», «por Navidad», «por Reyes». Y eso me caía mal. Parecía dar a entender que no le pidiera nada más, aunque yo solo lo hacía cuando no quedaba más remedio.

Es verdad que vivía prácticamente de las remesas que me mandaba. Pero eso había sido cosa suya. Yo nunca le pedí dinero. Me indigné cuando empezó a enviarlo, pero me tuve que tragar el orgullo porque mi abuela lo necesitaba y entendí que, para ella, aceptar las remesas de Xiomara era su manera de perdonarla. Con el tiempo fuimos normalizando la situación, y yo terminé por hacerle algunos pedidos puntuales de cosas que serían imposibles de conseguir en Cuba. Sobre todo, tarecos para el excursionismo y algún que otro cachivache para la producción de mis cortometrajes: un uniforme de guardia de seguridad, un trípode, unas luces estroboscópicas...

Xiomara vino a ver a mi abuela solo una vez desde que se fue a España. En realidad, a Cuba sí regresó en varias ocasiones, pero o no avisó o ni siquiera pasó por La Habana. Se fue directa a Varadero o a algún cayo con su novio de turno. Eso lo supe mucho después, viendo fotos viejas en su perfil de Facebook.

En agosto de 2014 estuvo en Cayo Santa María. Las imágenes la mostraban, daiquirí en mano, tirada en una tumbona al lado de un señor que le doblaba la edad. Su piel se había aclarado tres tonos en el clima europeo y su bikini diminuto revelaba el propósito de broncearse lo más posible en su viaje al Caribe. Seguía siendo una mujer hermosa y atlética. Según mi abuela, cuando Xiomara era jovencita, en ocasiones la confundían con una deportista de alto rendimiento. Cuando se dio cuenta de que le pasaba a menudo, comenzó a inventarse que era una de «las morenas del Caribe», esas apabullantes voleibolistas de la selección cubana que habían conquistado todas las medallas panamericanas y olímpicas durante los noventa. Así se colaba en los hoteles, en un tiempo en que estaba prohibido para los ciudadanos cubanos. A mí me dejaba con mi abuela. El hijo, fruto de un embarazo adolescente, era una molestia a la hora de salir a divertirse los fines de semana en una ciudad que desayunaba apagones y comía cuando había suerte. Parece que así, infiltrándose en hoteles del Vedado y el casco histórico, fue como conoció al gallego que la sacó del país.

La vez que vino a ver a abuela su cáncer ya estaba en remisión. La blusa vaporosa de lino blanco disimulaba su pecho plano, que antes había ostentado un par de tetas enormes y paradas. Estaba muy flaca y su melena rizada era ahora una pelusilla colorada que le cubría la cabeza y se despegaba del cráneo apenas dos centímetros. Se alquiló una casa por el Mónaco y fue a ver a abuela todos los días durante la semana que estuvo en la isla. Llenó el refrigerador de comida y le compró un televisor nuevo, cuando lo que hacía falta en la casa era una lavadora con centrífuga, porque abuela todavía exprimía la ropa a mano.

Luego de ese viaje hicieron definitivamente las paces y a mí no me quedó otra que también perdonarla.

Antes de regresar a España me preguntó si necesitaba algo y le pedí las primeras botas del Decathlon. Me las envió meses después, cuando pensé que ya lo había olvidado o había decidido que no era tan importante. No me resultó extraño. Hubiera sido Xiomara comportándose como Xiomara; prometiendo villas y castillas y luego olvidándolo todo, negándolo todo, desapareciendo del mapa. Pero me equivoqué. Las botas llegaron con un amigo español suyo que venía de vacaciones a la isla. «¡Feliz cumpleaños!», decía la nota que las acompañaba, además de otras tonterías que no recuerdo. Como si a mí me interesara el simbolismo de las fechas o la convención de los regalos oportunos.

La cosa es que andaba cojeando con mis botas del Decathlon, cuando llegué a la piquera de los almendrones. Cojeaba por las ampollas y por el cansancio, por el flato que me había dado debajo de las costillas. Había perdido práctica; me había vuelto un flojo. Yo, que era un tipo atlético que me paseaba las guerrillas al Pico Cristal o al Turquino como si nada, ahora estaba sofocado por una caminata boba.

Cuando cumplí los treinta me negué a caer en el cliché de deprimirme. Total, me sentía tan vital como a los veinte y, de contra, tenía menos preocupaciones y menos gente arriba esperando cosas de mí. Quizás habían tirado la toalla conmigo y se habían resignado a que así eran las cosas. Yo era un vago, un bueno para nada que pretendía vivir del artistaje y las remesas, y así me iba a quedar. Ese era el precio que se pagaba por el arte en este país: ser un mantenido. Había a quien lo mantenía el Estado, mientras que a mí me mantenía Xiomara.

Pero algo sí tenían de verdad todos esos memes de treintañeros llorones hablando del dolor de rodillas y la acidez estomacal. La treintena era traicionera. Al principio, si no hacías el paripé de deprimirte, se te subía a la cabeza como una droga estimulante y te sentías invencible. Empezabas a estar a gusto con tu cuerpo, conocías mejor cómo funcionaban los engranajes de tu cabeza y dejabas de aceptar migajas de cualquier tipo. Y, cuando menos te lo esperabas... ¡pum! Dolor de rodillas, acidez estomacal, el buen humor de un viaje echado a perder por una ampollita en el pie derecho y el peso de una mochila que antes habías cargado el doble de llena.

Este país tampoco ayuda, con sus comidas grasientas e hipercalóricas y teniendo que moverse uno en bicicleta para todos lados porque el transporte público es un animal mitológico. Mi última excursión había sido a Canasí, con Claudia, antes de que se fuera para lo de la residencia, y ya ahí había sentido el cansancio. Pero estaba en completa negación y algo me hizo pensar que iba a resultarme fácil y hasta edificante hacer el viaje a Cienfuegos yo solo.

De todas formas, ¿a quién le iba a pedir que me acompañara? Ya casi no me quedaban amigos en Cuba. Y los que todavía no se habían ido echando, estaban trabajando como posesos para reunir el dinero y largarse. Nadie estaba para irse de guerrilla, como en los viejos tiempos. Los treintañeros cubanos no hacían esas cosas. Pinchaban como mulos, eso sí, en cafeterías sin contrato de trabajo. Cafeterías que quedaban en el Vedado o en Miramar cuando ellos vivían en San Miguel del Padrón o en Marianao. Treintañeros con títulos universitarios que hacían turnos de «trabaja dos y descansa uno».

¿Venir conmigo a la Ciudad Nuclear? ¿Para qué? ¿Para ver ruinas? Para ver las ruinas de una utopía, el fracaso del sueño de un loco, solo tenían que asomarse a la ventana y observar cómo se derrumbaba el país.

La piquera de los carros que iban a Pasacaballos estaba a la sombra de una ceiba. Me pregunté cuántos años podría tener ese ejemplar, mientras renqueaba en dirección de los almendrones. A juzgar por el grosor de su tronco y los más de veinte metros de altura, calculé que varias décadas. ¿Sería una ceiba centenaria o una más moderna? ¿Ceiba revolucionaria y pro soviética? ¿Habría sido testigo de la esclavitud? Siempre me han causado mucha impresión los árboles tan grandes. Cómo no respetar y venerar, como mis antepasados lucumíes, algo tan majestuoso. En alguna parte leí que «ceiba» era una palabra taína que significaba «bote», «embarcación», porque con ella los aborígenes construían los cayucos con los que navegaban, de isla en isla, en el mar Caribe. Las ceibas eran endémicas de África y de América Central y las Antillas. Existían desde la Pangea y cuando los continentes se separaron quedaron a uno y otro lado del océano. Me imagino la emoción que habrán sentido aquellos primeros africanos esclavizados cuando encontraron en esta nueva tierra los árboles sagrados de sus ancestros. Pero la ceiba mecía sus ramas, indiferente a mis cavilaciones. Había estado ahí por demasiado tiempo y poco le importaba que alguien le viniera a explicar por qué era maravillosa.

Llegué, por fin, a la piquera y me dirigí al que, sin lugar a dudas, era el buquenque. Se le notaba en la actitud autoritaria. Era un hombre alto de unos treinta años, de piel tostada por el sol y con un collar trenzado de cuentas rojas y blancas. Llevaba a Shangó al cuello y también en la mirada. Sus ojos rezumaban la furia del orisha guerrero, como si estar encabronado con el mundo fuera su única posibilidad de habitarlo. El buquenque es quien tiene el poder en un contexto así; se encarga de intermediar entre pasajeros y transportistas y fijar los precios de cada viaje. «Buquenque» también significa «alcahuete», «embelequero», «llevaitrae». Ni me miró a la cara cuando me dijo que a Pasacaballos eran dos mil quinientos pesos.

–Coño, mi hermano, eso está caro con pinga –le reproché.

–Es lo que hay, mi ambia. Ahí tienes la terminal, si no eso –dijo y señaló, estirando la bemba carnosa, al edificio que le quedaba al frente y a la izquierda–. Las guaguas cuestan nada más veinte cañitas, pero a ver cuándo logras coger una.

Lo sopesé un momento, pensé en las ampollas y en lo cansado que estaba y terminé aceptando el trato. Le pagué en billetes de a cien y doscientos y me miró con mala cara. En algunos establecimientos, incluso estatales, la gente no quería coger billetes tan bajitos. Aguanté la respiración a la espera de si me ponía una pega, pero el tipo agarró con su manaza llena de anillos de oro goldfish los billetes, los contó, los dobló y finalmente se los metió en el bolsillo del pantalón sin decir ni ji. Vi la cara anaranjada de Frank País desaparecer en el interior del bolsillo con su sonrisa anacrónica; era el único mártir que sonreía en los billetes.

Me subí al Impala y me apretujé entre una señora de carnes abundantes y un adolescente que se había vaciado encima un pomo de perfume. La mochila enorme cupo sin problemas en el espacio entre mis pies y los asientos de delante. Junto al chofer subieron dos más. No les podía ver las caras, solo las nucas tostadas, con la textura crocante de un chicharrón. Hombres que trabajarían al sol en Cienfuegos, pero vivirían en Pasacaballos o quien sabe si más lejos.

El almendrón olía a gasolina y a nada más. El olor de la gasolina es hegemónico y a eso íbamos a estar apestando todos los pasajeros incluso cuando hubieran pasado horas de habernos bajado del carro. Arrancamos y el chofer puso reparto a altos volúmenes. El Taiguer con Bebeshito. «Dile que vaya bajando, que él no es marca Mango. Él es marca mandarina. Aguaje no, tarrú, rutina». Presté atención a la letra y me pregunté si yo tendría aguaje o rutina. Concluí que ninguna de las dos. Era un hippy patasucia, de *drelocs* y jolongo de la feria de artesanías, y aunque escuchara reparto y me vanagloriara de ello, porque en los últimos años un intelectual que escuchara reparto se había vuelto algo *cool*, a esos territorios me acercaba con la fascinación de cualquier turista.

La guapería cubana era algo que me salía bastante artificial. La forzaba cuando debía evitar que me metieran el pie en una cola o que en el agro me tumbaran una libra de frijoles. «Negro por gusto», se burlaban de mí mis amigos. «Negro fino de La Víbora», les rectificaba yo y, acto seguido, nos poníamos a cantar el estribillo de aquel tema de Free Hole Negro con Telmary; el de «Todos los negros finos nos hemos reunido y hemos decidido no tocar más rumba». El fatalismo geográfico existe y a mí me robó el aguaje y la rutina. Sin embargo, la policía igual me paraba con frecuencia para pedirme el carnet cuando caminaba por zonas turísticas y, mucho más, si iba en compañía de amigos o colegas blancos y con pinta de yumas.

Y ahora resultaba que los reparteros —esa gente de pueblo, esos inquilinos de lleguipones en municipios marginales, esos vecinos de insignes solares centrohabaneros, que calentaban la pista de baile de los campismos populares a las tres de la mañana con bailes pornográficos y canciones de letras más pornográficas aún, los que inventaron los bonches en los dos mil y le metieron la clave cubana al reguetón importado para dar a luz un nuevo género que bullangueramente estaba colonizando TikTok con coreografías depuradas y vulgares solo en su justa medida— habían refinado el arte clasificatorio de la guapería cubana e inventado distinciones, sutiles pero determinantes, entre tener «aguaje» y tener «rutina». Tener «aguaje», según me había explicado gente con más calle que yo —que no tenía ninguna—, significaba poseer un *flow* marginal, una temeridad barriobajera notable, pero que podía ser perfectamente impostada, falsa. Pasaba que el aguaje había sido apropiado culturalmente por los niños bitongos del Vedado y Miramar, que fantaseaban con ser tankes y jurarse en plantes abakuás imaginarios. Por lo que había surgido el término «rutina» para encapsular la guapería real, la que se adquiere en los barrios donde no entra la policía, en peleas clandestinas de perros y en los estudios de grabación, improvisados y precarios, de los que emergerían los Chocolate MC, los Elvis Manuel y los Taiguer del futuro.

—Ese fue el muchacho al que mataron, ¿verdad? —preguntó la señora a mi lado—. ¡Qué barbaridad! El pobre...

Hacía una semana se había viralizado la noticia de que habían disparado al Taiguer a la salida de una discoteca en la

Florida. Hubo un gran revuelo a ambos lados del charco. La gente montó vigilias, escribió sentidos pésames en sus perfiles, peregrinó hasta el cementerio de Colón con ofrendas, en una demostración de luto popular y espontáneo hacia un músico que no se veía desde la muerte de Beny Moré, en los sesenta. Hasta la Machi, nuestra primera dama, había puesto un *tuit* cizañoso al respecto. También salió el energúmeno de siempre a alegrarse, porque un repartero muerto era lo mejor que le podía pasar a la cultura cubana.

—En la yuma hay tremenda violencia —declaró contundentemente el chofer del Impala.

—La yuma lo que está es riquísima —respondió el adolescente perfumado sin despegar sus ojos del celular.

El resto de tripulantes guardamos silencio y así permanecimos hasta llegar a Pasacaballos. Los únicos que hablaron fueron los reparteros desde los altoparlantes del almendrón, repitiendo al final de cada tema la pauta, que variaba según el artista. «Le hiciste un amarre a la pieza...», «Ustedes no cantan más que nosotros...», «Que la varilla se jorobe pero no se parta...».

En Pasacaballos esperé una hora para montarme en la lanchita que llevaba al Castillo de Jagua y de ahí tendría que caminar hasta la Ciudad Nuclear. Había un montón de gente y me preocupaba que no cupiéramos todos. Eran las seis de la tarde, hora pico. Las personas próximas a mí en la cola me advirtieron de que era la última lancha del día y me interrogaron sobre dónde pensaba quedarme a dormir. Me limité a sonreír y a señalar la casa de campaña en mi mochila. A los lugareños no pareció hacerles gracia que un muchacho... bueno, un sangaletón con bastantes pelos en los huevos, anduviera deambulando por la zona.

—¿Y a qué tú vienes? —me preguntó una mujer—. ¿También eres *yuturbe* de esos? Últimamente a todos los *yuturbes* les ha dado por venir a grabar sus videítos aquí. —Lanzó su indirecta al aire y reviró los ojos—. Parece que les entra nostalgia, pero una nostalgia por un tiempo que no vivieron. Porque eran o muy chiquitos o no habían nacido cuando eso. ¿Qué se van a acordar si son niños del Periodo Especial? Ni que se pudiera sentir nostalgia de algo que no llegó a pasar.

Mis interlocutores (o interrogadores) insistieron, así que les expliqué que no era youtuber sino cineasta. Hice una pausa para ver si en sus mentes aterrizaba la idea de que lo mío era más digno, solo porque filmaba con una cámara más cara; pero a ellos pareció darles igual. Era otro habanero que iba a molestarlos con preguntas indiscretas; a pedirles que narraran, nuevamente, el melodrama de sus existencias. Iba, como el youtuber de turno, a apuntar una cámara a la cara macilenta del físico nuclear que estudió en la URSS y terminó varado en una zona de exclusión que no necesitó de un desastre nuclear para configurarse. ¿Y qué decía de cámaras caras? Que a nadie le asombrara que el youtuber de turno tuviera una cámara más sofisticada que aquella con la que filmaría yo, que era la Sony Alpha de Robertico; la misma con la que se había hecho el ochenta por ciento del cine independiente del país de 2018 para acá.

Como mis credenciales de cineasta no impresionaron a nadie les expliqué que estaba haciendo un trabajo de campo para mi próxima película que quería que fuera en la Ciudad Nuclear.

—¿En la Ciudad Nuclear o en Juraguá? —me preguntó uno con suspicacia.

—En las dos.

—Porque si es en las ruinas de la central te las vas a ver negras, pepillo. —El tipo que me habló me había estado espiando desde el contén—. Eso es zona militar y no dejan pasar a nadie.

Le di las gracias por la advertencia y me formé en la cola, pues ya se aproximaba la lancha.

Cupimos todos. Apretujados, pero cupimos. El trayecto hacia el otro lado de la bahía demoró unos treinta minutos. Me entretuve mirando por la ventanilla las estelas que dejaba tras de sí la embarcación y respirando el aire salado que me pegaba fuerte en la cara.

Llegamos al paradero en el Castillo de Jagua y me indicaron qué lado del camino debía coger. Era un kilómetro de carretera desierta. A los lados solo había herbazales medio achicharrados por el sol. Caminé a la par de una mujer que iba con sendos bultos. Me ofrecí a llevarle uno de ellos y me agradeció con una sonrisa. Pesaba casi tanto como mi mochila. ¿Qué coño llevaría ahí y cómo había pensado llegar hasta su casa si nadie la hubiera ayudado? Casi todas las personas que iban en dirección a la Ciudad Nuclear nos adelantaron.

Paré un momento para tomar un poco de agua de uno de los pomos plásticos que llevaba conmigo y la mujer se detuvo también y aprovechó para coger un diez sentada sobre su mameluco. Me dijo que se llamaba Marita y que siempre había vivido en la Ciudad Nuclear, pero trabajaba en Pasacaballos en una farmacia. Ella me había escuchado contar a qué me dedicaba y a qué había ido al pueblo, la recordé en el coro de mis interrogadores, así que me limité a decirle mi nombre y a contestarle con «Igualmente» a su «Mucho gusto».

Mientras intercambiaba con Marita, por mi espalda se había acercado, tan sigiloso que me dio un buen susto, el hombre que me había advertido de que no podría entrar a Juraguá. Mirado con detenimiento, era un tipo bastante raro. Flaco y desgarbado, de pelo largo que le llegaba a los hombros, pero con una calvicie en la coronilla que hacía rato había dejado de ser incipiente. No entendía por qué esos hombres no se pelaban ya, *pal* carajo, y se aferraban a una fantasía que solo los volvía más ridículos. También era fácil para mí decirlo con la mata de pelo que me mandaba; enredado y sucio, pero abundante. Ese calvo renegado, para colmo, vestía como si se hubiera bajado de una máquina del tiempo, directo de los años setenta. Pantalones campana y una camisa guarapeteada, de las que llamaban «bacterias». En los pies, unas botas cañeras como las que Silvio Rodríguez puso de moda cuando cantaba con la Banda de Experimentación Sonora del ICAIC.

—Mira, pepillo —me dijo y me alcanzó un papelito en el que había escrita una dirección—. Por si necesitas un guía turístico o alguien que te ayude... ya tú sabes... a acercarte al lugar.

Me guardé el papel y le di las gracias. Cargué otra vez con mi mochila y con el bulto de Marita, y continuamos camino.

Cuando el hombre se alejó y estimé que le era imposible oírme, comenté en voz alta:

—¡Qué tipo más raro! —Le pregunté a Marita si sabía en qué andaba.

—Es Cirilo, el Coyote —respondió—. Andar, no anda en nada. A él lo que le gusta es meterse *pal* monte y colarse por los recovecos de la central nuclear.

El chisme aligeró la tortura de Sísifo en que se había convertido el camino hasta la urbanización.

—Pero ¿por qué le dicen «coyote»? ¿Esos no son los que te ayudan a cruzar fronteras en la ruta de los volcanes y esas cosas?

Marita me dirigió una mirada enigmática y respondió con tremendo misterio:

—Las que hay entre los países no son las únicas fronteras que un coyote te puede ayudar a cruzar.

No sé si fue el hambre que tenía, pero sentí un escalofrío en la espalda, como si su frase fuera un conjuro. Ella no pareció percatarse y continuó hablando:

—A cada rato cargan con él. Ya tiene varias actas de advertencia, pero no parece que eso le importe mucho. Creo que las excursiones esas son lo único que le da dinero al desgraciado. La gente viene, se da cuenta de que todo está cercado y que los militares no van a transar, y entonces le piden a Cirilo que los lleve. Él sabe cómo colarse en las ruinas de Juraguá sin que nadie lo vea.

Me picó la curiosidad.

—¿Cobrará muy caro? A lo mejor sí tengo que utilizar sus servicios.

—No sé cuánto cobra —me contestó ella y se acomodó en la cadera el bulto que acarreaba.

Hicimos el resto del trayecto en silencio. Las ampollas en el pie derecho, más cerca de volverse yagas sangrientas que callos, me volvían a molestar.

Claudia

En mi novela hay una mujer que se llama Fiorella. Se llama Fiorella porque nació en el Río de la Plata y su ascendencia es italiana, pues nadie se llama Fiorella de donde yo vengo. Allí las mujeres tienen otros nombres: Yadira, Massiel, Yusimí, Misleidy, Hayla. Antes se llamaron Miroslava, Katia y Lisanka. Mucho antes, Amalia, Mariana, Bernarda, Rosa. Pero nunca Fiorella.

La mujer de mi novela es artista, o quiere serlo, solo que no sabe cómo expresar el arte que cree contener en su interior. Ha intentado pintar, pero ni de niña fue buena dibujando. Sus padres pagaron a varios maestros y estos le dijeron que no se desanimara, que de las vanguardias hacia acá ya no hacía falta saber dibujar para ser pintora o, mejor, para ser «artista plástica»; solo había que tener «sensibilidad». Pero a la Fiorella de nueve años no la convencían estos argumentos y solía desesperarse ante el lienzo en blanco. Los maestros parloteaban como loros sobre la aplicación del color y la composición general de la obra, mientras ella, presa de la frustración, arremetía contra el caballete; le estampaba pegotes de pintura al lienzo impoluto, hasta convertirlo en un peculiar test de Rorschach que, más tarde, sus padres inspeccionarían ladeando la cabeza. Aun así, los maestros gritaban: «¡Bravo! ¡Qué discípula involuntaria de Jackson Pollock! ¡Mirá cómo descubre el expresionismo abstracto por su cuenta!». Y Fiorella estaba segura de que se burlaban de ella... y un poco sí lo hacían esos maestros hijos-de-re-mil-putas. Pero Fiorella aguantaba el bochorno, se tragaba las lágrimas hasta la hora en que terminaba la clase y podía huir a su casa, desconsolada y vencida.

También probó otras manifestaciones artísticas. De adolescente intentó bailar, pero no podía encontrar el ritmo en la música. Tanto movimiento contenido en sus músculos y no saber cómo liberarlo con gracilidad y armonía. El tango le parecía un exceso de roce e intimidad que no estaba dispuesta a tolerar. Había tenido sexo con tipos que la habían manoseado menos que aquellos bailarines de su primer intento de milonga. La cumbia le parecía hortera, vulgar y maliciosa. Una sensación de estar haciendo algo moralmente reprochable siempre la embargaba cuando veía tambalearse ante ella un par de caderas al ritmo del acordeón. Involuntariamente cerraba los ojos y en la oscuridad rojiza de sus párpados apretados se le aparecía la cara reprobatoria de su madre en la forma de otro test de Rorschach. Incluso la danza contemporánea le había fallado. No era idiota: sabía lo ridícula que parecía.

Y si ya le era difícil bailar, qué decir de tocar algún instrumento.

A la hora decisiva de tener que escoger una carrera, Fiorella se decantó por estomatología. Sus padres, que la habían educado bien, la animaron a escoger una profesión útil y con salida laboral; relegando el arte al lugar que le correspondía en la vida de una adulta responsable, al hobby y al esparcimiento.

Sin embargo, en mi novela Fiorella sabe que es una artista. Lo sabe. Está segura. Abatida, contrariada, melancólica como solo una verdadera artista puede estarlo, encuentra refugio en el yoga y la meditación. Es así como conoce a Esteban y este es realmente el momento en el que empieza la historia de la novela. La historia, según los modelos narratológicos de los que tanto se habla aquí, en la residencia. La historia como la sucesión de los acontecimientos que se representan en un texto; porque la historia de mi novela es otra. Lo sé perfectamente, tanto como Fiorella sabe que es artista. Y esa historia tiene más que ver con lo que me callo que con lo que escribo; tiene más que ver con por qué me rehúso a narrar la vida de una Yusimí o una Miroslava y me invento una Fiorella que hace yoga y medita y vive en el Río de la Plata. A lo mejor necesito inventarme una Fiorella para inventarme así un alter ego, una Claudia argentina; una cuyos abuelos no salieron huyendo del país para exiliarse en Cuba.

¿Qué tendría que haber pasado de forma distinta para que esto ocurriera? Que mis abuelos maternos fueran simpatizantes de la dictadura militar. Entonces hoy viviría en Palermo, tomaría mate y Fernet con cola y no estaría extrañando el café bien cargado que hace mi madre por las mañanas o los tragos horrendos del aguardiente que nos pasábamos, de mano en mano, en un pomo plástico, a la salida de la facultad de Artes y Letras. ¿Sería acaso una Claudia liberal de «el pobre es pobre porque quiere», los pañuelos celestes y los fetos ingenieros? Seguro esa Claudia, como Fiorella, haría yoga y meditación.

Pero, en lugar de eso, pensemos, qué tal si mis abuelos hubieran sido asesinados y desaparecidos durante la dictadura. Claudia no existiría siquiera o sería una de esas nietas que buscan las abuelas de la Plaza de Mayo. Excepto que yo no tendría abuelos que preguntaran por mí. Pero ya puesta a especular, mejor inventarme un escenario en que la dictadura militar argentina nunca hubiera ocurrido y entonces estaría escribiendo una novela de ciencia ficción, una ucronía latinoamericana. Sería mucho más fiel a mí misma de estar haciéndolo. Pero ¿cómo les voy a salir con esas a esta gente que solo habla de modelos narratológicos y de esquemas actanciales?

De modo que me atengo al plan. Mi principio de novela es el justo momento en que Esteban ve a Fiorella sentada en la postura de loto en su clase de los domingos por la mañana y decide que tiene que enamorarse de ella. Porque Esteban siempre había actuado así, con una pulsión consciente, con una planificación comedida e irreversible. De ahí que hubiera decidido dejar su trabajo en la tienda de neumáticos del padre; esa tienda que la versión 1.0 de Esteban iba a heredar para continuar el legado de su familia desde que, huyendo de Polonia durante la Segunda Guerra Mundial, se instalara en Buenos Aires. Huir es algo que se hace mucho por estos lares. Irse huyendo. Llegar huyendo. De dictaduras, de campos de exterminio, de la maldita circunstancia del hambre por todas partes, de la fiesta innombrable de haber crecido en el Sur

Global. La versión 1.0 de Esteban no existía más y el nuevo Esteban, el Esteban 2.0, era un hombre que no huía, que perseguía sus sueños y perseveraba hasta alcanzarlos. Por eso ahora se dedicaba a tocar la percusión en un grupo que cantaba boleros en varios restaurantes de San Telmo.

Quizás la decisión más drástica que había tomado Esteban en los últimos tiempos había sido la de mudarse de su pieza en el departamento de su madre, comprar, con dinero prestado, un terreno en el delta del Paraná e instalarse allí en una cabaña de madera erigida sobre pilotes, sin agua corriente ni electricidad, a solas con la naturaleza.

El día en que Esteban repara en la existencia de Fiorella, luego de concluir la clase, se le acerca y la invita a un café. Ella lo mira por un momento, mira su cabeza llena de rastas, su piercing en el labio y piensa que bien puede ser un chabón interesante o un completo pelotudo. Aun así decide darle una oportunidad y acepta la invitación. La cita va bien. Hablan de yoga, de música, de los deseos de Fiorella de ser artista. Esteban la entiende y le recomienda que pruebe con la fotografía. A Fiorella le brillan los ojos y le promete que lo hará.

A la semana siguiente Esteban la invita a su casa en el Delta para una sesión de meditación. Para llegar, primero tienen que tomar una precaria canoa con un motor injertado, que el mismo Esteban compuso, y navegar por el agua parda del río unos veinte minutos. Esteban va despacio porque tiene miedo de que las olas que producen las otras embarcaciones al pasar hagan tambalear o incluso vuelquen la suya, que es tan endeble. Fiorella encuentra precioso el lugar y lamenta no tener una cámara para inmortalizar tanta belleza. No se da por vencida y saca algunas fotos con su celular, que quedan movidas y pálidas.

Ese día Esteban guía la meditación. Su voz grave y sibilante la transporta hacia un mundo antiguo de harenes y odaliscas que despierta en ella sentimientos libidinosos. Al salir del trance Esteban le acaricia el cuello y la besa en la boca. Hacen el amor en el portal de la pequeña casa con los sonidos del río y el monte a sus espaldas. Sin embargo, no están solos en la rústica cabaña en medio de tanta vegetación. Unos ojos adolescentes los espían y masturban el dolor y la soledad del que ha crecido en el Delta y no conoce otras fronteras que el agua parda y la madera podrida de los pilotes de las cabañas.

Fiorella y Esteban se ponen de novios. Son jóvenes. Se piensan felices. Tienen veintitrés y veintiocho años. Pasan mucho tiempo en la casa del Delta a pesar de que no está terminada. El baño aún no está listo y Fiorella odia tener que ir detrás de los arbustos a hacer sus necesidades. Tampoco tienen agua en la cocina y deben traer de la ciudad bidones de cinco litros para cebarse el mate o cocinar sus pastas al dente. Pero es un sitio al que pueden llamar suyo. La otra parte del tiempo la pasan en el departamento que alquila Fiorella en el barrio de Caballito, pero no es igual. Hay algo pernicioso en la ciudad que no los deja amarse de la misma manera.

Un día, Esteban regresa a su cabaña en el Delta y nota que ha sido víctima de un robo. La casa apenas tiene seguridad y es realmente muy fácil allanarla. Nunca dejan muchas cosas de valor allí. Por eso Esteban se da cuenta enseguida de que le han mangado algunas herramientas y su desbrozadora nueva, que compró luego de instalar la electricidad, para cuidar que las ramas de los árboles no le derribaran los cables recién colocados. Él, como el resto de sus vecinos, terminó enchufándose clandestinamente al generador de un lujoso chalet que está vacío casi todo el año. Sus dueños solo iban a pasan allí una corta temporada durante el verano. Llegaban con su lancha ostentosa y esas obscenas cantidades de carne para sus asados; las mujeres empameladas y con cara de estar oliendo mierda y los chicos prestando atención solo a sus celulares. Así que los propietarios de las carcomidas cabañas colindantes creyeron que chupar de la corriente de sus vecinos era una forma de hallar el equilibrio cósmico en aquella acuática región que no conocía más justicia que la de las crecidas del río; y eso mismo le pareció a Esteban, de manera que accedió él también a enchufarse.

Esteban, que no siente ningún tipo de apego a lo material, no lamenta tanto el robo de su desbrozadora como el hecho de saberse indefenso e impotente ante su invisible agresor. Una rabia le calienta el esófago mientras se lo cuenta a Fiorella por teléfono. Sin embargo, tiene un sospechoso en la mira: Martín, el muchacho que vive en la cabaña contigua con su abuela, una vieja medio ciega que se dedica a curar empachos y otras afecciones. Hacía no mucho lo había visto merodear por su cabaña y, al ser sorprendido, el chiquillo fingió que andaba buscando unos yuyos para cebar. Pero Martín es un pibe como de quince años y Esteban sabe que no podrá enfrentarlo como desearía, así que prefiere tragarse su rabia, hacer que baje quemándole hasta el estómago y no volver a hablar del asunto. Eso sí, al día siguiente consigue unas cadenas y candados e idea un mecanismo para trabar puertas y ventanas y que el incidente no se repita.

Mientras tanto, la relación de Esteban con Fiorella continúa como continúan todas las relaciones: mate y facturas con los amigos, noches de películas tontas en Netflix, paseos por Recoleta los domingos... Además del baño de Fiorella convertido en un cuarto oscuro para el revelado de las fotografías de su nueva-vieja cámara, de Esteban, que intenta convencerla de que se vaya a vivir con él al Delta a tiempo completo, de reproches de inmadurez por ambas partes, de peleas por teléfono, de sexo reconciliatorio, de más peleas, de «Mi vieja no te soporta», «Casate conmigo», «Andate a la re-concha de la que te parió». A pesar de los vaivenes, los jóvenes perseveran en su noviazgo.

Aunque a Fiorella le molesta mucho la escasez de condiciones para la vida moderna de la cabaña en el Delta, tiene que admitir que algo sobrenatural ocurre cuando están haciendo el amor sobre los tablones olorosos a madera recién lijada del portal, durante los atardeceres, antes de que los mosquitos empiecen a molestar, en ese sutil instante en que Esteban la penetra y ella cree conseguir una comunión total con todo lo que los rodea; como si hacer el amor con Esteban en el portal de esa cabaña al atardecer fuera la verdadera obra de arte que estaba destinada a acometer.

Otras veces, simplemente cogen. Sucia, patosa y hasta maquinalmente.

Una noche, luego de una de sus sesiones dentro de la cabaña para resguardarse de los mosquitos, Fiorella sale, fastidiada y refunfuñando, a hacer pis entre los arbustos. Esteban, como suele ocurrir entre los de su género, se da la vuelta en el colchón y se duerme. Pero Fiorella, antes de que pueda incorporarse de su lastimosa sentadilla entre los matorrales, es sorprendida desde atrás por una mano que aprieta su boca y amenaza asfixiarla. Su atacante la toma de los brazos y la arrastra lejos de la cabaña. Ha introducido un pedazo de trapo en su boca que le impide gritar. Fiorella lucha, intenta arañarlo, siente las pantaletas enredadas en sus tobillos, siente su cuerpo siendo arrastrado por la tierra húmeda como un saco de carbón. Teme que haya sido llevada a territorios de los que ya le será imposible regresar. Finalmente se detienen y puede ver la cara de su atacante. Es Martín, el pibe de como quince años, que en realidad tiene diecisiete, que se ha sacado unas finas cuerdas de los bolsillos con las que le ata las manos y uno de los pies a un tronco cercano.

Fiorella trata de gritar y Martín la golpea, mucho. La hace sangrar por la nariz y los labios. Fiorella ya no se mueve. No se atreve a hacerlo. Teme que regrese el dolor. Martín la viola. Ha soñado con cogérsela desde que los vio, a Esteban y a ella, en el portal. No es la primera vez que lo hace, esto de estar con una mujer por la fuerza; pero las otras veces había sido con pendejas como él o más chiquitas. Fiorella es una mujer de verdad y siempre pensó que su concha debía saber como saben las conchas de las mujeres de verdad; no ese sabor insípido y acuoso de las conchas de las pibitas del Delta. Fiorella desearía perder el sentido pero, aunque paralizada, está consciente todo el tiempo y le repugna infinitamente lo que le está pasando; que Martín le abra las piernas y escupa hasta humedecer su vulva; que pase su lengua áspera por ella como comprobando su sabor; que la penetre con esa violencia y esa determinación. Martín acaba rápido. Está nervioso y empapado en sudor. No sabe qué hacer ahora que ha cumplido su objetivo. Supone que debe matarla. Él sabe que así es como acaban esas cosas, que no le valdrá un chantaje o un soborno como las veces anteriores. Busca una piedra grande y le revienta el cráneo de un solo golpe. Sigue arremetiendo contra la cara hasta desfigurarla.

A las cinco de la mañana, cuando empieza a clarear, Esteban se despierta y nota que Fiorella no está a su lado. Se asusta. La llama por su nombre. Piensa que quizás se molestó con él y se marchó. Marca su número telefónico pero el celular de la chica repiquetea en la cocina. Esteban se calza y sale en su búsqueda. Recorre los alrededores de la cabaña. Hurga entre los matorrales y encuentra, de pura casualidad, unas pantaletas lilas cubiertas por el fango. Ya imagina lo peor. Grita preso de la rabia, llora. Corre alejándose de su cabaña y encuentra, a pocos metros de allí, el cadáver aún fresco de Fiorella. La cara irreconocible es un amasijo de sangre, huesos astillados y otros fluidos. Está desnuda y parece helada.

Esteban lo sabe. No lo sospecha: simplemente sabe que ha sido Martín. Está ciego de la rabia. No se atreve a tocar el cuerpo sin vida de Fiorella. Retrocede en dirección a su cabaña. Piensa en llamar a la policía, pero sabe que la policía no hará nada. Mandarán a unos oficiales ineptos y aburridos a hacer como que investigan su caso e inventarán alguna cosa para que Esteban les pague una coima. Posiblemente amenazarán con implicarlo como principal sospechoso. Pero con dinero de por medio archivarán el caso y lo olvidarán todo. Fiorella pasará a engrosar la lista de las muchas mujeres que mueren en el Delta, en Buenos Aires, en Argentina, en el Sur, en el continente, en el planeta... sin que nadie les haga justicia. Quizás alguna amiga compartirá una foto en sus *stories* con *caption* sentimentaloide. Recibirá muchos «Me gusta» o «Me entristece» y también algunos comentarios dándole el pésame. Pero no habrá consuelo posible para él. Esteban comprende. Esteban decide que, a sus veintiocho años, su vida está arruinada para siempre.

Cuando llega a la vereda que conduce a su cabaña, de repente, tuerce el rumbo. Se sube a la canoa, que está amarrada al pequeño muelle que da acceso a su propiedad en el Delta. Rema suavemente y se acerca a la orilla de enfrente. Atraca en el muelle de los vecinos chetos, a los que roba la corriente. Irrumpe en la casa. Forzar la cerradura le resulta fácil y no hay alarmas puestas. Camina en su interior como si la conociera de toda la vida, como si alguien más hubiera escrito, tiempo atrás, el guion de sus próximos pasos. Da rápido con la cocina. Toda esa carne debe ser cortada con buenos y filosos cuchillos. Abre gavetas y revuelve la vajilla fina y las especias. Por fin los encuentra. Toma el más filoso y regresa con agilidad a su canoa.

Esteban espera sentado en una piedra a que Martín regrese. Se ha apostado a un costado de su cabaña. Confía en que en algún momento aparezca. No ha regresado al lugar donde yace el cuerpo de Fiorella. Imágenes grotescas, de moscas sobrevolando su cadáver y posándose en la sangre seca, lo perturban. Ha pasado casi todo el día allí. El cuerpo le duele y el estómago le da retortijones traicioneros. Cerca de las cuatro oye llegar la embarcación de Martín. Se da cuenta de que puede reconocer el ruido de su motor, que sabe identificarlo entre el concierto de ronroneos que perturban la tranquilidad del Delta al caer la tarde. Martín se acerca y Esteban lo está esperando de pie. El cuchillo disimula su presencia tras la pierna. El chico lo ve y trata de mantener la calma. Pero su mirada es delatora y a Esteban no le quedan ya dudas. Corre a su encuentro y clava el cuchillo en el abdomen escuálido de Martín. Lo clava una, dos, tres, diecisiete veces. El otro no opone resistencia. Todo ocurre en cuestión de segundos. Está cubierto de sangre y a sus pies yace el chico. Con movimientos mecánicos, Esteban regresa a la piedra y se sienta a esperar a que el ruido de las embarcaciones inunde la tarde del Delta y vayan a buscarlo.

Benicio

Llegué a la Ciudad Nuclear durante la *golden hour.* Ni con esa luz que todo lo vuelve mágico y trascendental el paisaje mejoraba. No obstante, saqué la cámara y tomé algunas fotos. El lugar era tal y como me lo había imaginado. Un pueblo fantasma: por lo desolado y por lo descolorido. Parecía que los objetos hubieran perdido consistencia y se hubieran vuelto un poco traslúcidos. Había un silencio insoportable, roto a veces por el berreo de algún chivo. Me pareció curiosa la cantidad de chivos que encontré pastando en los parterres sin chapear. Había llegado a tierra de nadie. No me hubiera parecido inverosímil si más tarde descubría que todos estábamos muertos, como en Comala. Allá donde mirara encontraba ruinas, edificios a medio construir, vegetación abriéndose paso entre el cemento.

Caminé sigiloso, como si mi presencia allí fuera alguna clase de crimen. Me crucé con algunas personas que decidieron ignorarme. Otras me echaron miradas de curiosidad, pero no me hablaron; por suerte. El viaje con los bultos me había agotado y tenía, como decía mi abuela, el ombligo pegado al espinazo. Las escaleras de uno de los edificios de apartamentos que había quedado a medio construir en los noventa me parecieron el lugar ideal para sentarme a zampar parte de las provisiones que traía conmigo. Catorce plantas tenía el cabrón edificio. Esos dementes, en verdad, estaban convencidos de que construirían la ciudad más próspera y moderna del Caribe. Una fantasía de rascacielos brutalistas al más puro estilo soviético, daba igual si desentonaban con el paisaje de yagrumas, palmas reales y ceibas o si los materiales no eran los idóneos para el calor y el sol del trópico. La utopía se iba a construir sí o sí.

Era muy congruente con el espíritu de las revoluciones de aquel siglo. Las utopías más temerarias de los soviéticos no fueron planteadas en la literatura de ciencia ficción, sino en los proyectos arquitectónicos, en los planos demenciales de edificios que, en muchos casos, no se llegaron a levantar. Torres imposibles; cúpulas que nacían en las columnas vertebrales de las edificaciones, como tumores de vidrio y acero; casas con ventrículos de hormigón que bombeaban, en lugar de sangre, puro fervor revolucionario de cara a un futuro milimétricamente calculado en los planes quinquenales; arquitectura que era también una ofrenda a hipotéticas civilizaciones alienígenas que llegarían a la Tierra atraídas por la grandeza de la humanidad. Y nosotros, su satélite en el Caribe, entregados a construir la ciudad más próspera de nuestro entorno, fuimos y copiamos los bloques monolíticos de edificios grises y deprimentes... y aun así, osamos llamar a esta, «la Obra del Siglo».

Me recosté contra una pared robusta a masticar mi bocadito reseco. En una de las fachadas sin revocar, con los bloques de hormigón a la vista, alguien había escrito en letras rojas y gigantes: RESISTIR Y VENCER.

El 13 de octubre de 1982 se inauguró la Ciudad Nuclear y a ella llegaron sus primeros habitantes, aunque la construcción de los edificios aún no había acabado. La misma gente debía encargarse de alzar sus viviendas. Los físicos e ingenieros nucleares dejaron de lado sus ecuaciones para coger la pala, la espátula y el cincel. Unas diez mil personas, entre obreros, arquitectos e ingenieros, se trasladaron a la provincia de Cienfuegos para trabajar en la construcción de la Central de Juraguá y la Ciudad Nuclear. Se iban a erigir escuelas, hospitales, cines, mercados, salas de concierto. Sería una ciudad limpia y diáfana, a diferencia de La Habana, y se convertiría en un modelo que seguir para el resto de Latinoamérica. Cuba, una vez más, era el futuro.

Con todo ello se buscaba diversificar la matriz energética del país y reducir la dependencia del petróleo importado. Los reactores VVER-440, modelos soviéticos, los mismos que tenían en Chernóbil, generarían el quince por ciento de la demanda energética del país. A principios de los noventa, por alguna razón, los soviéticos tomaron el control del proyecto y sustituyeron la mayor parte del personal cubano por sus propios especialistas. En todo caso, al proyecto le quedaba poco. En 1992, tras la caída de la URSS, la Obra del Siglo se suspendió. Quedó una central nuclear a medio construir y una ciudad sin terminar. Mucha de la gente a la que le habían asignado casas allí decidió quedarse, resistir y vencer, convivir con los fantasmas de la utopía fallida.

Mi fascinación por la Ciudad Nuclear empezó gracias a Claudia. Su familia, aunque había llegado a La Habana cuando ella era prácticamente una recién nacida, procedía de Cienfuegos. En realidad de más lejos, de Quilmes, Argentina. Los abuelos eran militantes del Partido Comunista y tuvieron que huir al principio de la dictadura. Silvina, la madre de Claudia, llegó a Cienfuegos antes de cumplir los cinco años. Y allí vivió la familia hasta que la muchacha quedó embarazada y, a poco de dar a luz, todos se trasladaron a la capital.

Claudia no sabía quién era su padre, pero por lo que había podido sacar en claro de los momentos de debilidad en que a su madre se le iba la lengua, parecía ser hija de un trabajador de la central nuclear. Por la extrema blancura, los ojos azules y el pelo castaño claro de Claudia, no sería de extrañar que se tratara de uno de los rusos que fueron a Cienfuegos a principios de los noventa. Pero la madre se ha negado siempre a darle más detalles.

Yo había escuchado las historias de la Ciudad Nuclear que contaban los de la generación anterior a la mía. Pero eran lejanas y casi mitológicas, igual que las de los récords de Ubre Blanca, la vaca favorita de Fidel, la Zafra de los diez millones o Playa Girón. Fue Claudia quien le puso colores y texturas a la leyenda en mi cabeza. Aquel viaje teníamos que haberlo hecho juntos. Pero Claudia, evidentemente, tenía otros planes y esos planes no me incluían. Regresó a la tierra de sus abuelos y yo me vine a buscar quién sabe qué a la Ciudad Nuclear.

Luego de comer, se me ocurrió subir hasta la azotea para otear el paisaje y hacerme una idea más clara del terreno. Era una maniobra peligrosa. Mucho más con la mochila a cuestas. Las escaleras no tenían barandas y no hubiera sido extraño que las estructuras estuvieran endebles. Pero me armé de valor o de desidia por mi propia vida y decidí arriesgarme. Yo era un tipo que había escalado riscos inclinados sin más ayuda que mis propias manos. Una vez, en Oriente, acampamos en un islote en medio de un río y por la noche llegó una crecida y casi nos ahogamos *pal* carajo. Había puesto mi vida en riesgo múltiples veces, así que el esqueleto de un edificio anterior a la caída del Campo Socialista, cuando todavía en el país se construía con buenos materiales porque mamábamos de la teta generosa de la URSS, no me iba a amedrentar.

Subí los escalones despacio, procurando no mirar a los lados no fuera a darme vértigo. Mis jugos gástricos deshacían el pan con jamón y queso que me había comido hacía un momento con la rabia de una jauría de perros jíbaros. Calculé que dentro de poco tendría que cagar; «dar del cuerpo», como decían en el campo, con esa poesía involuntaria con que expresan los guajiros las cosas más mundanas. Fui haciendo paradas en los entrepisos para recuperar el aliento, pero no me quería demorar mucho porque pronto iba a caer la noche y no podría ver nada. Llegué a la azotea casi a cuatro patas, con una nerviosidad rara. Solté la mochila y me erguí para contemplar el horizonte. La vista era impresionante.

Los edificios de la Ciudad Nuclear parecían cajitas de fósforos puestas de canto, una al lado de la otra. A lo lejos se veían las ruinas de la Central de Juraguá. La cúpula del único reactor que llegaron a terminar, de los cuatro que iban a construir, sobresalía entre el verde predominante. Toda la estructura me pareció irreal: arquitectura de otro planeta trasplantada a este en los albores de la humanidad. Estoy en una historia de paleocontacto de las que le gustan a Claudia, pensé. En esas, la vida inteligente en la Tierra habría florecido gracias a la intervención alienígena. Gris, monumental, la estructura parecía hecha de legos. Las sobras de un pícnic extraterrestre. Un juguete diabólico olvidado por sus dueños en medio de un jardín asilvestrado.

Llegué a tiempo para ver la puesta de sol. Las sombras se fueron cerniendo sobre el paisaje y la noche comenzó a tragárselo todo. No sé por qué me dieron ganas de llorar. Debió de ser la sed o que estaba muy cansado. Sí, debió de ser eso. Antes de que anocheciera saqué la cámara y capturé una imagen de la Central demasiado cursi, demasiado borrosa y quizás, por eso mismo, demasiado fiel a la original.

Durante la bajada por las escaleras enclenques fui todavía más despacio. Me traicioné a mí mismo y miré, de vez en cuando, hacia abajo. No me dio vértigo, aunque no podía dejar de pensar que una caída desde allí sería mortal.

Me dispuse a montar la casa de campaña. Ya era de noche y sería más difícil. Traté de encontrar una parcela con césped en una zona que elegí por estar apartada y, al mismo tiempo, no tan lejos de la calle principal del pueblo. Hallé una porción de terreno donde la hierba no estaba tan crecida y ahí mismo me planté. Saqué de mi mochila el paquete compacto y desplegué el tejido descolorido de la tienda sobre el suelo. Encendí mi linterna, pues el alumbrado público no servía de mucho. La mayoría de farolas estaban fundidas y esa noche la luna, para colmo, estaba tapada por unas nubes deslavadas y caprichosas.

Dispuse las varillas en paralelo y conté que estuvieran todas las piezas. Luego comencé a ensamblarlas; cada segmento encajó con un clic que siempre me producía una inexplicable satisfacción. Mi cuerpo se movía casi en automático, juntando varillas y clavando las estacas en la tierra reseca. Había montado esa misma casa de campaña por toda Cuba. Levanté la estructura y la tienda tomó forma. Ajusté las cuerdas de sujeción y, al tensarlas, la tienda adquirió estabilidad. Supuestamente estaba hecha para dos personas, pero ahí habíamos dormido hasta cuatro. Esa noche, sin embargo, se sentía inmensa.

Desplegué la bolsa de dormir y me tiré sobre ella a contemplar el techo; las ramas de los árboles creaban sombras sobre el toldo y sentí que me adormecía. Entonces oí un grito. Era más bien un llamado:

—¡Ey!

Alguien afuera me interpelaba. Me incorporé con la agilidad de un zombie y saqué la cabeza por la rendija de entrada. Todo estaba negro como boca de lobo, como apagón en el Periodo Especial, como el fondo de un pozo. Apunté la linterna en la dirección de hacia donde provenía la voz. Un viejo vestido con botas de agua y camisa verde olivo sostenía un machete en su mano diestra, mientras con la otra agarraba una soga en cuyo extremo sujetaba a un chivo.

—¿Qué tú haces ahí? —me reclamó.

—Coño, puro, por poco me mata del susto. Parece un alzado —le dije y terminé de salir de la tienda.

Las rastas, que me llegaban a media espalda, se me enredaron en la apertura y me dio apuro parecer un bobalicón o peor, aparentar que iba borracho o drogado ante el viejo que, sin lugar a dudas, me estaba evaluando.

—Estoy acampando aquí —le contesté malhumorado, más conmigo mismo que con él.

—Sí, eso veo. Pero ¿quién te dijo que podías poner tu tienda en este lugar? Esto es propiedad privada.

A mí se me escapó una risa y casi le suelto la frase que siempre me decía mi abuela: «Lo que está en Cuba es de los cubanos». En su lugar contesté:

—Ah, bueno. ¿Y cómo yo iba a saber eso? Pensé que era un descampado.

El viejo me miró con roña.

—Este terreno pertenece a mi casa —dijo, y señaló una vivienda de madera y mampostería, a unos veinte metros de distancia, que yo había imaginado abandonada.

—Perdóneme entonces, puro. Yo no quería molestar. Pero, si no es mucho pedir, quisiera quedarme aquí esta noche. Mire, ya armé la casa de campaña y con esta oscuridad a ver cómo voy a encontrar un descampado que no sea propiedad privada.

El viejo me miró, calibrando si iba a ser más engorroso echarme de allí o permitir que me quedara. Hizo el sonido de freír un huevo con la boca y rezongó:

—La juventud ya no respeta nada. Quédate, pero no hagas ruido. Nada de estar poniendo música, que aquí vive gente decente y trabajadora que mañana madruga.

—Por supuesto —le contesté—. Si yo me estaba durmiendo ya. Que también vine a trabajar, ¿sabe? —le dejé caer con el orgullo un poco herido. Me molestaba que se me creyera un manganzón.

—¿Ah, sí? —preguntó incrédulo—. ¿Y cómo es eso?

El propietario del descampado pareció relajarse un poco y acarició al chivito mientras esperaba mi respuesta, casi divertido.

—Sí, yo es que soy cineasta y quisiera filmar una película aquí. Vine a hacer un levantamiento de terreno —expliqué, repitiendo mi cantaleta.

—¿Una película aquí? —El que parecía que iba a reír ahora era él.

—Sí, ¿le interesa salir en ella?

El viejo no se aguantó la carcajada.

—La juventud ya no respeta nada —repitió—. Anda, quédate. Mañana temprano, si quieres, me tocas y te convido a un café.

En mi experiencia de campista, la gente de monte adentro es la más hospitalaria. Pero no estaba en el monte, sino en una ciudad extraña y ruinosa, y todavía tenía que aprender de qué material estaban hechos sus habitantes. El cubano promedio ha cambiado mucho con la crisis de los últimos años. Se ha vuelto una criatura arisca y desconfiada, siempre esperando recibir un golpe de buenas a primeras. En las calles prevalece la ley del más fuerte. «Si tú no sirves pa matar, entonces deja que te maten», reza la canción de reparto, y ese enunciado se vive casi como un mandamiento. Y tal pareciera que nadie quiere morir, incluso si lo ha perdido todo. Así que no queda otra que matar. No en un sentido literal, claro. Matar, en este contexto, es no dejar pasar la oportunidad de aprovecharse de alguien, especialmente si ese alguien te la pone en bandeja de plata. Así se resumía la violencia que se vivía a diario de la manera más natural. Cuba es un país violento y eso resulta difícil de explicar a quien viene de lejos, porque no es la violencia que se televisa: la violencia del crimen organizado, las guerrillas, el narcotráfico y la trata de personas. Se trata de una más sutil, pero igual de mortífera. La violencia de vivir en constante estado de alerta porque el prójimo no puede ser otra cosa que un adversario.

—¡Una película en la Ciudad Nuclear! ¡Habrase visto! —dijo el viejo para sí y comenzó a caminar hacia su casucha.

—Muchas gracias, puro. ¡Que descanse! —le grité mientras lo engullía la oscuridad, y regresé al interior de mi tienda.

Volví a adormecerme con rapidez. A los pocos minutos ya había caído rendido y soñé con Claudia. Últimamente siempre soñaba con ella. En la trama creada por mi mente estaba solo, fumando un porro en la glorieta de algún parque del Vedado o Miramar y la veía llegar. Le reprochaba no haberme avisado que había regresado de Argentina. Ella se encogía de hombros y me pedía que le pasara el porro. Pero yo me encabronaba. ¿A qué se debía su indiferencia? ¿Acaso no sabía que me había jodido la vida cuando se fue? Le grité. Le pregunté, rabioso, por qué había vuelto y, sin darle tiempo para contestar, la forcé a besarme en la boca. Estaba fuera de mí. En la vida real nunca me hubiera permitido actuar de esa manera. Pero el inconsciente es una región perversa. Claudia, sin embargo, estaba como ausente. No me rechazó, pero tampoco correspondió a mi beso. Yo me separé para mirarla. Era un espectro. Me fijé en sus ojos y vi que los recubría un velo. Eran como los ojos de las personas enfermas de cataratas. Una nata azulina le empañaba los iris azules.

—No has regresado —le dije en un susurro y me desperté sobresaltado.

Sudaba a mares y tardé unos segundos en darme cuenta del lugar en que me encontraba. Encendí el móvil para ver el reloj. Las cuatro y media de la mañana. Tenía hambre. Busqué en mi mochila un turrón de maní molido y me lo comí con desespero. Luego entré en WhatsApp, pero no había conexión. A mi mente comenzaron a llegar las imágenes de la pesadilla reciente y decidí hacerme aún más daño.

Entré a mi chat con Claudia. Leí nuestra última conversación: «Creo que es lo mejor, Beni. Hay que tener responsabilidad afectiva y, en estos casos, lo mejor es contacto cero». Cómo odiaba cuando se ponía a hablar con esa terminología sacada de reels de Instagram. También cuando escribía con tanta corrección sintáctica en un singao chat de WhatsApp. «¿Lo mejor para quién?», le reproché en aquel momento. «Para los dos. Por favor, no me escribas más». Lo que sentí en aquel momento fue lo más parecido a la asfixia. Claudia se estaba llevando todo el aire de la atmósfera con ella. No me dejaba ni una sola bocanada para respirar y no morirme. «Ok. No te escribiré», contesté fingiendo desapego. «Gracias, Benicio». La fecha del último mensaje era el 5 de agosto. A las 12.45 h.

Al día siguiente, Claudia partió –más bien, escapó– a Buenos Aires y yo mantuve mi promesa de no escribirle más. Pero en la Ciudad Nuclear la realidad parecía deformarse y cumplir promesas se sentía casi absurdo. A fin de cuentas, me encontraba desvelado en el vientre de una promesa rota, una promesa de seis mil millones de dólares y el doble de ilusiones atrofiadas. Sin embargo, salí de WhatsApp, pero antes, bloqueé el número de Claudia. Ahora veríamos quién tenía responsabilidad afectiva.

Claudia

Mis compañeros de la residencia odiaron mi proyecto de novela. Creo que la interpretaron como una burla. Hubieran preferido que narrara las cuitas de Yusimí en Centro Habana, aunque esa historia se hubiera contado ya doscientas veces. ¿Cuál era el sentido de que una cubana estuviera allí si se iba a poner a hacer una fábula feminista sobre la vida en el Delta? Yo no entendería nunca lo que era ser un acuático, por más que me hubiera leído con devoción a Marcelo Cohen. ¿Qué derecho tenía? Una madre argentina, que había vivido cuatro años en Quilmes antes de exiliarse en Cienfuegos no es credencial suficiente.

Mis personajes eran ridículos y hablaban de una manera inverosímil y ofensiva. Había retratado a Martín como un sádico y una víctima del sistema, al mismo tiempo. La escena del abuso era gratuita, morbosa y brutal en el peor sentido posible. Me había preocupado más por el shock que por el desarrollo narrativo. Fiorella había pasado de ser una persona con sueños y traumas –la mayoría injustificados, pero por lo menos ahí estaba el atisbo de pretender crear un personaje redondo… aburrido como ella sola, pero redondo– a convertirse en un simple pretexto para que Esteban tuviera su gran momento de sufrimiento y venganza. Porque, al final, el texto no era sobre ella, sino sobre él y su cruzada justiciera con un cuchillo robado.

Me miraron con cara de «Amiga, date cuenta». Me faltaba deconstrucción. Leer más a Judith Butler. Que me rociaran espray de pimienta en una manifestación. Se me notaba demasiado el tufillo intelectual de la facultad de Artes y Letras, y que no tenía idea de nada. Tampoco de escribir.

Obviamente, mis compañeros no usaron estas palabras. Pero en las que me dijeron ayer, cuando revisamos nuestros textos en grupo, subyacía exactamente eso. Odiaron mi novela y me odiaron a mí. Se llegó a susurrar, incluso, la temida dupla de «apropiación cultural». Los impulsos eléctricos que me recorrieron los dedos de las manos me hicieron pensar que, en serio, golpearía a alguien antes de que acabara el día.

Pero mis compañeros parecían poseídos por una sed sanguinaria equiparable a la de los participantes en un apedreamiento público. Sus maneras eran dulces y condescendientes, pero en el fondo de sus ojos destellaban las ganas de quebrar tendones con los dientes, de hacer leña del árbol caído y dejarme bien claro que yo no estaba al nivel. Que allí no hacía más que ocupar una cuota y que no lo estaba haciendo debidamente. A ver, ¿por qué no hablaba de la Revolución? Bien o mal, no importaba. Pero una cubana tiene que hablar de la Revolución, como una colombiana –la única otra extranjera que entró al programa de la residencia literaria– debía hablar de narcotráfico y guerrillas.

Ellos, sin embargo, podían escribir sobre la dictadura y los desaparecidos, pero también sobre laberintos insondables, paseos por París, máquinas que te robaban el alma y accidentes aéreos; sobre pactos con el demonio, alquimia y rock and roll. En cambio, yo... Yo estaba allí para escribir como escribe una cubana, que no dice «coger» ni «bombachas» y sus personajes no tienen ninguna razón para cebar mate. En Cuba se tomaba café. Nunca en su maldita vida un cubano había presenciado la tecnología de punta de una bombilla colocada estratégicamente dentro de una calabaza.

Yo me defendí como pude. Hablé de que ese viaje y esa residencia para mí eran también un desplazamiento de Cuba a mis orígenes maternos y que estaba intentando recuperar parte de la historia de mi familia a través de un ejercicio especulativo. No quería, de ninguna manera, ofenderlos ni banalizar algo tan grave como los feminicidios. Traté de hacerles entender que en mi país también había feminicidios, pero que yo no tenía las herramientas para hablar de ellos porque, desde mi nacimiento, me habían inculcado que no quedaba nada por hacer en ese terreno, que todo ya estaba conquistado. La Revolución había allanado el camino y barrido con el machismo, el racismo y demás vicios; que hombres y mujeres éramos iguales y, si no me parecía así, entonces estaba siendo una hipercrítica, una exagerada o directamente una «gusana». ¿O no veía yo todas las flores y postales que había recibido cada año, desde muy niña, por el día de la Mujer o hasta por el día de las

Madres? Porque ¿qué otra cosa era una mujer sino una madre en potencia?

Me faltaban herramientas teóricas, sin duda. Pero había experimentado la violencia patriarcal como cualquier otra y eso tenía que contar para algo. ¿Qué medida de mierda era el espray de pimienta lanzado a la cara de una feminista en tetas si en mi país el precio por manifestarse cuando no te ordenaban que lo hicieras era ir a la cárcel? En mi país nos llenaban cada marzo de gladiolos y azucenas, pero también nos mataban, desaparecían nuestros cuerpos, nos golpeaban en la intimidad de nuestras casas o en la vía pública, nos violaban como en cualquier otro lugar, dije a mis compañeros, que me miraran con aquellos ojos incrédulos. ¿De qué me estaba apropiando yo al relatar un feminicidio en el Delta argentino? ¿No era mi miedo legítimo? ¿No era auténtica mi rabia?

Perdí un poco los estribos. No me di cuenta cuándo me había levantado de mi asiento y a qué hora había empezado a manotear como lo haría Yusimí en su solar centrohabanero. Lucas, un tipo de gafas de pasta y barba hípster, de manera conciliadora, hizo la observación de que podía poner eso mismo en mi literatura. Yusimí la de Centro Habana era quien tenía que morir en mi novela, preferiblemente a manos de su chulo; no Fiorella. En todo caso, concluyó Lucas, la sesión había sido productiva porque había yo empezado a hablar de la Revolución, tal y como debía hacerlo para resultar auténtica.

Luego de su intervención se hizo un silencio dolorosísimo. Yo regresé a mi asiento, aunque hubiera querido seguir contestando a sus estupideces; decirle a Lucas que quién coño se creía para estar tratándome como a una paciente mental, celebrando que hablara de la Revolución como se celebra a quien decide, por fin, regresar al momento en que abusaron de ella en la infancia. Pero era tal mi ira que no lograba deshacer el nudo que tenía en la garganta. Justo después le cedieron la palabra a Andrea, la colombiana, que se puso a hablar de las guerrillas. Yo me hundí en mi asiento, sintiéndome vejada, psicoanalizada y sucia. Una vulnerabilidad, como nunca antes en mi vida había experimentado, se metió por mis poros y me caló hasta los huesos. ¿Era eso ser extranjera?

En el programa de la residencia somos cuatro hombres y cuatro mujeres. Durante un mes conviviremos los ocho en una gran cabaña erigida sobre pilotes en el delta del Tigre. Un mes con estos es demasiado tiempo, pero por lo menos el paisaje es hermoso. El agua, en ocasiones verde y en otras parda, nos rodea por todos lados, pero la sensación no es claustrofóbica, sino más bien de una extraña libertad, a pesar de estar atrapados en este paraje. El trayecto en lancha rápida hasta tierra firme demora treinta minutos. Y aunque tenemos una embarcación con motor atada a nuestro muelle, ninguno de nosotros ha manejado una antes, así que en caso de tener que escapar podría ser peor el remedio que la enfermedad.

Pero nadie quiere pensar en desgracias. Un señor viene a chequearnos cada tres días y nos trae víveres, agua potable y cualquier artículo que necesitemos. También se lleva la ropa sucia y la regresa en su siguiente visita, olorosa a talco y flores.

Con nosotros convive una mujer que se encargaba de la limpieza y de preparar las comidas del día. Se llama Elvira. Apenas nos dirige la palabra; o tal vez somos nosotros los que nos rehusamos a reconocer su humanidad. Pero ella vive y respi ra; nos mira con ojos agudos y, con seguridad, nos juzga y nos desprecia merecidamente. No puedo discernir qué edad tendrá. ¿Cuarenta? Su ojos y su cabello son negros y brillantes. La piel, muy morena. Mientras se mueve de aquí para allá, como una hormiga, en la amplia cabaña, nosotros pasamos las horas leyendo y escribiendo, conversando sobre asuntos elevados y debatiendo sobre nuestros proyectos.

Algo como este retiro literario solo puede haber salido de la mente de un ricachón con ínfulas de escritor. Confieso que no me preocupé por averiguar por dónde le entraba el agua al coco en este negocio. Pero debe de ser lo de siempre: caridad a cambio de desgrave de impuestos. Pero cuando una está buscando escapar debe pensar con la cabeza fría. Mi objetivo era venir a Argentina. Ya hacerlo con una beca literaria resultaba tan improbable que, una vez conseguida, los cuestionamientos de índole moral sobraban. ¿A qué se dedican quienes auspician esta residencia? No lo sé y no me interesa. No quiero enterarme a quién le votaron, dónde vacacionan, qué piensan del aborto, si niegan el cambio climático, qué opinión les merece el régimen cubano o si tuvieron conexiones con los militares durante la dictadura. Especialmente, no quiero enterarme de esto último.

Teniendo en cuenta el perfil de los aceptados en la residencia, que no son unos pobretones o, al menos, se toman muy en serio aparentar no serlo –oí comentar a Lucas que tiene un caballo, ¡un caballo!–, se diría que nuestros mecenas son «nuevos ricos». Quizás amasaron su fortuna con criptomonedas o monocultivos de soja. ¡Yo qué coño sé cómo amasan su fortuna los nuevos ricos! Pero no me asombraría que fueran hasta progresistas; militantes de un feminismo blanco e inmaculado que les permite separar la obra del artista; y separar el hecho de defender causas sociales mientras le pagan lo mínimo a su sirvienta, a la que nunca llamarán «negra cabeza» por más que lo piensen. A Elvira seguro que la tratan muy bien. Casi como de la familia. En todas las familias de nuevos ricos hay una sirvienta «casi como de la familia», a la que obligan a vestir un uniforme azul marino con cuello blanco, delantal de vuelos y cofia, para que vaya elegante mientras limpia la mierda que ellos producen.

Aunque yo no sepa cómo amasan su fortuna los nuevos ricos, sí me conozco su predilección por cierta estética que los delata. Todo colores ocres y fibras naturales. La pulcritud de lo *minimal*. La cocina americana con sus utensilios de madera y cobre bruñido. Las sábanas de lino blanco y los muebles incómodos pero exquisitos. Aquí todo huele a sándalo y madera quemada. Hay un área de la casa con el suelo alfombrado y repleto de cojines. Supuestamente es un espacio para meditar y funciona, al mismo tiempo, como biblioteca; sin embargo, la selección de títulos es bastante mediocre.

La cabaña tiene cuatro habitaciones –más el cuarto de la criada–, equipadas con baño, televisión y nevera independientes. Las habitaciones de los huéspedes son mucho más amplias y tienen dos camas personales con mosquiteros y sendos escritorios *vintage*. Un gran ventanal que da al río y un mullido sillón ideal para echarse a leer. En la cabaña hay agua corriente, electricidad y hasta wifi, aunque casi nunca funciona bien. Se diría que la idea es estar en contacto con la naturaleza, pero solo lo justo.

Tenemos vecinos, hay cabañas al frente y a los lados, pero sus inquilinos, o solo vienen durante las vacaciones, o no sé a qué se dedican porque nunca se les oye. También hay otras cabañas más modestas, pero más alejadas. Allí viven los verdaderos isleños. En realidad, somos nosotros los vecinos chetos de mi novela. Y eso me genera un poco de vértigo metaficcional.

El silencio en el Delta puede resultar apabullante. Silencio de voces humanas y de ruidos relacionados con el fútil trasiego de la civilización; porque sí que hay sonidos incesantes en el ambiente. El río canta con una música muy distinta a la del mar, pero igual de hipnótica. Susurra constantemente el nombre secreto de las cosas. El río tiene un nombre para nosotros que desconocemos. Se trata de un idioma que nunca seremos capaces de entender y mucho menos de hablar. Y vivimos tan tranquilos sin saber si el río nos llama con rabia o con dulzura.

Comparto habitación con una chica llamada Marianela Terlizzi. Supongo que con ese nombre no le quedó más remedio que meterse a escritora. Es simpática, aunque se ve que viene también de familia cheta y está tan acostumbrada al lujo que la cabaña le parece, más bien, vulgar. Yo, en cambio, en mi vida había pisado un suelo de madera preciosa ni me había bañado en una tina. Marianela es cordobesa, así que habla con un cantadito distintivo que, al inicio, me voló la cabeza, pero más tarde descubrí que me gusta más que el acento porteño, que he terminado por asociar con una actitud desdeñosa y hostil.

Incluso la colombiana, con la que en un inicio pensé que iba a tener más cosas en común, al ser ambas extranjeras, no parece haber vivido una vida de precariedades. Aunque ahí ande haciéndonos el cuento de las guerrillas, ella llegó siendo adolescente a Buenos Aires con toda su familia, durante el boom de los *commodities*, listos para montar un negocio en la República del choripán. Y parece que les fue bien. Evidentemente hay muchos tipos de migraciones y la de Andrea no tuvo nada que ver con la mía. ¿Ya podré hablar de mi migración? ¿Acaso ya soy una migrante o solo estoy aquí de paso? ¿Cuándo es lícito empezar a sentir que de verdad me fui?

Yo di con la convocatoria de esta residencia de pura casualidad. Era un programa exclusivo para ciudadanos argentinos y pude enviar mi candidatura gracias a que, años atrás, había hecho el trámite de la ciudadanía por la vía de mi madre y mis abuelos maternos. Imagino a los de la selección sintiéndose superinclusivos por tener a una cubana y una colombiana en el grupo.

El viaje me lo pagué con mis ahorros y con el dinero que me dio mi madre. Crucé el continente, sobrevolé los Andes y al llegar a esta costa sin mar (o con un mar que es un estuario castaño y finito, dulce y salado a un tiempo), quemé las naves, como otros tantos antes que yo. No quiero regresar a Cuba, pero tampoco tengo un plan para quedarme y sobrevivir en este país. Fantaseé con hacer algún contacto en esta residencia que me ayudara luego en el proceso de conseguir un trabajo y alquilar un lugar donde instalarme, pero empiezo a creer que he sido demasiado optimista. Así que, cada mañana, mientras la mayoría duerme o remolonea entre sus sábanas de lino, aprovecho el único momento del día en que la wifi está un poco estable para buscar en páginas de internet ofertas de empleo. La conexión no dura mucho tiempo. Nos advirtieron de que parte de la experiencia de este retiro de escritura era desapegarnos de nuestros dispositivos electrónicos. «Camarera, empleada de limpieza, reponedora en supermercados...», esas son las opciones que me aparecen, porque puestos para filólogas no hay.

Mi madre no estaría de acuerdo con que trabajara de empleada de la limpieza. Son trabajos muy dignos, sí, hasta que toca que los haga tu hijita. Una hijita que estudió latín en la universidad por tres semestres y a quien, en su momento, no había dejado becarse en un preuniversitario porque allí iba a tener que tomar agua de la pila, sin hervir. En Cuba no existe una palabra para designar a lo que aquí se le dice «cheto»: los «pijos» de España o los «fresas» mexicanos. Tenemos algunas que se acercan, pero no llevan implícita la connotación de clase, porque hasta en el habla cotidiana se ha reflejado el *gaslighting* que nos hizo la Revolución. Si en Cuba no hay clases sociales ¿cómo va a haber chetos? Pero los chetos sí existen: estudian en universidades extranjeras y vacacionan en Cancún; son los hijos y nietos de la cúpula militar y no se les nombra para que no existan o para que existan a medias, en un plano cuántico de la realidad donde todo podría ser cierto y, al mismo tiempo, una vil mentira, una maniobra del enemigo yanqui para desacreditar a la Revolución. Yo, que no estuve becada ni tomé nunca agua de la pila, soy una niña bitonga, que es diferente. Estudiar latín, formarme en una carrera sin salida profesional, habla de cómo la generación de mis padres se creyó el cuento del sacrificio, el de sembrar el árbol de tamarindos y nunca probar sus frutos; el cuento de que el socialismo que ellos estaban construyendo lo disfrutarían sus hijos... tal vez, pero de seguro, sus nietos. Empleada de la limpieza. ¡Si yo no sabía ni limpiar!, diría doña Silvina. Y preferiría que me regresara a Cuba antes que estar pasando trabajo aquí. Eso tienen las madres, que aspiran a que sus hijos no lo pasen tan mal como ellas, porque, en el fondo, los creen incapaces de resistir un ápice del dolor que ellas soportaron con entereza.

Y mira que mi madre sufrió y la pasó mal. O al menos eso imagino. Silvina es poco dada a las confesiones y los sentimentalismos; y su historia –que es también, en parte, la mía– la he tenido que reconstruir gracias a sus deslices y por lo que me han contado mis tías. Hay demasiado secretismo alrededor y me da rabia pensar que el motivo de tanto ocultamiento sean causas morales ya prescritas; ideas conservadoras de aquellos años que, por fortuna, no tienen cabida en estos tiempos. Sí,

Silvina se quedó embarazada muy joven y de un tipo que no quiso hacerse cargo. ¿Por qué es tan difícil de enunciar? Ese trauma no es solo de ella. Yo tuve que aprender desde muy pequeña a inventarme mentiras cuando me preguntaban cómo se llamaba mi papá o, en la escuela, me pedían que describiera cómo lucía o en qué trabajaba.

No sé quién es mi padre. En mi familia nunca se ha hablado del tema frontalmente. El día antes de venir a Buenos Aires estuve a punto de encarar a Silvina y exigirle que me lo contara todo. Yo tenía derecho a saber la verdad. ¿Qué había pasado realmente para que mi familia vendiera todo de manera tan intempestiva y se mudara de Cienfuegos a La Habana? Da la impresión de que hubieran salido huyendo una vez que se supo del embarazo de mi madre.

La conjetura más realista a la que he podido llegar es que mi padre fue unos de los ingenieros o técnicos que llegaron de la Unión Soviética a trabajar en la Central Nuclear de Cienfuegos, a principios de los noventa. Muchos se alojaron en la ciudad y no hubiera sido tan extraño que mi madre, con diecinueve años recién cumplidos, se enamorara perdidamente de uno de ellos. Dmitri o Vladimir o Sacha. Cualquiera de esos podría haber sido su nombre. Habrían tenido, mi madre y el ruso, un romance furtivo y breve, interrumpido por el intempestivo desmoronamiento de la URSS. Yuri o Serguéi o Misha habría regresado a su país o a lo que hubiera devenido su país, para olvidar a mi madre o conservarla en el recuerdo como una aventura de verano. Pero mi madre se había quedado embarazada. Seguro que se enteró cuando ya era demasiado tarde y cuando Borís, Alexéi o Vasili había vuelto ya a su país de origen sin dejarle manera de comunicarse en la distancia. O quizás sí le dejó una dirección postal a la que mi madre escribiría más adelante para comunicarle a Oleg, Stanislav o Piotr que iba a tener un hijo. Pero Silvina solo obtuvo como respuesta silencio.

El día antes de venir a Buenos Aires quise exigirle que me lo contara todo, pero no me atreví. ¿Qué derecho tenía yo a meter mi dedo puntiagudo en su herida? ¿A raspar con mi uña y deshacer los puntos con que mi madre había logrado coserse ese monumental desengaño? Yo no necesitaba un padre. Un padre, la mayoría de las veces, es una ficción inventada por una madre o por otro miembro de la familia que no se fue, que se quedó contigo. ¿Acaso no era yo escritora? Estaba en la total capacidad de inventar la ficción de mi padre y creérmela.

Antes de que me marchara, mi madre escribió en un papel los contactos de todos los familiares que le quedaban en Argentina, incluso de aquellos con los que no había cruzado más que dos palabras en Facebook. No he contactado todavía a ninguno. No sé exactamente qué voy a decirles. «Hola, soy Claudia, tu prima lejana. ¿Me harías el aval para alquilar un departamento?».

Extraño La Habana. ¿Cómo no? Tanta agua dulce que me rodea no puede sustituir la euforia que produce el salitre cuando te pega de lleno en la cara. Extraño el Malecón y la idea abstracta de la insularidad, por más que me encuentre ahora en otra isla. Este es el famoso gorrión, un concepto que posee toda lengua en que se haya extrañado al hogar, todo dialecto en que se haya sentido una profunda nostalgia por un lugar probablemente imaginario. *Morriña*, en gallego; *saudade*, en portugués; *homesick*, en inglés, *heimweh*, en alemán; *hiraeth*, en galés. En Cuba decimos «gorrión», como si hubiéramos logrado desencriptar la materia de la realidad y percibir, como nadie, que esos pájaros pequeños y grises, que pareciesen fundidos ya con el paisaje urbano, son los emisarios de un tiempo inexistente en el que fuimos felices o, al menos, en el que creemos haberlo sido.

En esos breves momentos me planteo cómo sería volver, pero enseguida me doy cuenta de que es imposible. Porque de las naves en que partí de mi tierra solo quedan restos cenicientos e irreconocibles.

Benicio

Ni siquiera intenté volver a dormirme. Mejor era ya esperar a las cinco; hora clásica en que la gente trabajadora y decente, como dijo mi vecino que él era, solía despertarse para salir a trabajar. Agucé el oído a ver si escuchaba algo. Estábamos alejados, pero el silencio era tan grande que no habría sido imposible oír un ajetreo de cazuelas o el ruidito celestial de la cafetera colando. Pero nada. Busqué en mi mochila el libro que había traído conmigo. *El lugar*, de Mario Levrero. Me lo había prestado Claudia y, evidentemente, ya no se lo devolvería. Un tipo se perdía en las ruinas de un laberinto. Iba por la mitad. Intenté leer un poco. Estuve un rato pasando la vista por encima de las palabras, pero a la mínima me distraía. A través del tejido de la tienda percibí una luz encenderse en la casucha. El viejo estaba despierto. Le daría unos minutos antes de aparecerme a reclamar lo que me había prometido. La boca se me hizo agua de pensar en un cafecito endulzado con miel de abeja.

Toqué a la puerta con suavidad y el viejo no demoró en abrir. De cerca le vi las arrugas en las líneas de expresión y el pelo canoso y ralo. Tenía la misma ropa que la noche anterior y mi abuela hubiera dicho que olía a chivo, lo cual era muy acertado en ese caso. Me gruñó a manera de saludo y dejó la puerta abierta para que entrara. Se dirigió al fogón, donde ya estaba puesta la cafetera. Entré con cautela. Se veía que el viejo vivía solo allí. Apenas había muebles y todo apestaba a guardado. La pared de la cocina tenía un manchón de tizne. Seguro que cocinaba con carbón o con luz brillante el viejo.

—Puro, dígame su nombre, por favor —le pedí.

—Anselmo.

Era lo primero que pronunciaba en el día y el sonido le salió acompañado por una flema que se le convirtió en tos. Luego de escupir un gargajo en el fregadero se puso a buscar un par de tazas limpias para servir el café.

—¿Tú lo tomas dulce? —me preguntó.

—Un poquito de azúcar se agradecería —dije con cierto pudor. Sabía perfectamente que el azúcar estaba perdida en esta tierra, otrora potencia en el cultivo de la caña. Ironías de la historia.

—Azúcar no hay, pero ahí tengo miel.

Y con esa noticia me vino el alma al cuerpo. Sonreí y pensé que todo iría bien. Iba a ser un buen día. Visitaría la Central de Juraguá, tomaría fotos, preguntaría a los militares a quién había que pedir permiso para filmar allí, haría entrevistas a los vecinos y regresaría a La Habana con un proyecto sólido. Después sería cosa de armar un equipo y jinetear un presupuesto para empezar. Y, lo fundamental: no iba a pensar en Claudia ni un solo momento.

—Y tú ¿cómo te llamas? —me preguntó Anselmo mientras ponía en mi mano una taza de café.

—Benicio —le contesté, y el viejo hizo una mueca de extrañeza.

—Un nombre raro para alguien tan joven… Mira, ahí está la miel. —Señaló detrás de él.

Me acerqué a la mesita y en un pomo de cristal de boca ancha vi el líquido ambarino. El pomo estaba destapado y en su interior reposaba, como en una sauna viscosa, una cucharita plástica, de esas de cumpleaños. Estaba empercudida hasta más no poder. Vi que entre la miel sobresalían puntitos negros que debían de ser cadáveres de hormigas golosas. Me tragué el asco, cargué una cucharada evitando, en lo posible, llevarme por delante demasiadas hormigas y endulcé mi café.

—Sí, ese era el nombre de mi abuelo. Pero bueno, como estoy metido en el cine, por lo menos puedo decir que me llamo igual que Benicio del Toro. —Anselmo levantó una ceja—. El actor ese que hizo del Che en aquella película —le expliqué, convencido de que me iba a responder que ahora sí recordaba.

—Yo no veo televisión —me dijo tajante, en cambio.

Se hizo un silencio, que aproveché para deleitarme con el contenido oscuro de mi taza. No era el mejor café del mundo, pero, con hormigas y todo, me entró muy bien luego de una mala noche. Me calentó el pecho, fue alertando cada uno de mis receptores cerebrales e hizo que me invadiera un improbable optimismo.

—¿Y de qué va tu película? —me preguntó Anselmo, que ya se estaba despertando también.

Yo suspiré y pensé cómo contestar a eso.

–Es una película sobre una mujer que regresa a la Ciudad Nuclear a buscar a su hermano, al que no ve desde hace muchos años. Los dos estuvieron implicados en la construcción de la Central de Juraguá, pero cuando colapsó todo ella decidió irse a los Estados Unidos, mientras que el hermano quiso quedarse.

Anselmo emitió un nuevo gruñido, diferente al que usó para saludarme. Este parecía decir: «Entiendo a qué te refieres. Conozco esa historia». Yo seguí contando mi película. Por alguna razón necesitaba que a Anselmo le gustara. De repente, me era imprescindible obtener la aprobación de aquel viejo que ni televisión veía y, probablemente, la última vez que había pisado un cine todavía dieran carne rusa por la bodega y él conservara todas sus piezas dentales para comérsela.

–El tipo terminó convirtiéndose en el loquito del pueblo –dije–. Juraba que había inventado una máquina capaz de echar el tiempo para atrás y salvar el proyecto. La protagonista de la película llega con la idea de llevárselo con ella para Miami, pero él, obviamente, no quiere irse.

La luz amarilla que iluminaba la casucha lo volvía todo más dramático. No sabía cómo interpretar la cara de Anselmo, así que continué hablando. ¿Era aprobación o desaprobación lo que traslucía? Tal vez, indiferencia.

–Es una película muy intimista –dije ya desesperado y, al segundo de pronunciar esa palabra, me arrepentí.

Acababa de quedar como un idiota delante de Anselmo. Ahora iba a pensar que yo era un sapingo. Ante los ojos del viejo, el muchacho zarrapastroso e inofensivo que había acampado en su propiedad se había vuelto un intelectual desconectado de la realidad de su pueblo. Un parásito dispuesto a succionarles lo único que les quedaba: sus historias y sus experiencias de vida; solo para volverlas algo comercial y lucrativo. Y sí, yo era exactamente eso, un oportunista... pero no quería que Anselmo lo pensara.

La realidad era todavía peor. La palabra que mejor definía mi proyecto no era «intimista», sino «onanista». Aquella era una película sobre mí. Una paja que me estaba haciendo a costa de mi propia tristeza. Yo era el loquito del pueblo, el que no quiso irse cuando su familia entera se marchó. En el momento en que mi abuela, lo único que me amarraba al país, murió de COVID, lo lógico hubiera sido irme *pal* carajo; pero yo persistí. Quise quedarme. Todos creían que había perdido la cabeza –mis familiares, mis amigos, que escaparon para cualquier lugar, los pocos que todavía no se habían ido pero estaban buscando la manera de hacerlo, Claudia...–, y supongo que tenían razón. Yo era el loquito del pueblo, excepto que la máquina que me serviría para revertir el tiempo y salvar el proyecto –el proyecto de mi vida en Cuba, el proyecto mayor del país y su Revolución, que nos hizo luz de gas a todos– era una película de mierda que no iba a ver nadie, porque a nadie le importaba ya pensar en lo que habría podido ser.

Anselmo se terminó su taza de café y se levantó inmediatamente.

–Mi consejo, Benicio, es que busques ayuda.

Yo di un tremendo respingo y casi pude oír cómo se quebraba una esquinita de mi ego. Aquel viejo que vivía en el culo del mundo y continuaba respirando porque la muerte se había olvidado de que la Ciudad Nuclear existía, o le daba demasiada pereza ir hasta allí a buscarlo, ¿me estaba mandando al psicólogo? O sea, razón no le faltaba, pero que me lo dijera precisamente él me parecía un poco fuerte.

—Sin alguien que te cuele en la Central no vas a conseguirlo —sentenció.

Respiré hondo. Hablaba de otra cosa, el maldito viejo. Me apreté el tabique de la nariz e intenté recuperar una dignidad que solo yo supe mancillada y, de paso, espantar el sueño.

—¿Usted me está sugiriendo que contrate un coyote? —le pregunté adoptando las formas de un tipo al que no pueden timar porque se las sabe todas; un tipo que, claramente, no era yo.

—No un coyote; que contrates al Coyote. Es la única manera.

El viejo, que me había parecido hasta aquel momento un ser desconectado totalmente de la realidad, un miembro de la *zombie cubensis*, esa especie de individuos que pululan por las ciudades del país sin más objetivo que seguir respirando, ahora se me descubría como un zorro astuto.

—Si quieres te indico dónde está su casa. Me hace camino.

Y en ese momento supe que iba a tener que transar. El Coyote y su cuadrilla tenían el negocio bien montado y yo debía pasar por el aro si quería cumplir el objetivo de mi viaje. Bueno, así eran las cosas. En Cuba y en el mundo, pues por algo existía la tipología de «turismo de alto riesgo». Coleccionistas de experiencias extremas se colaban a diario en zonas de conflicto o devastadas por la guerra; sitios radioactivos como

Chernóbil o en volcanes en erupción como el Etna. Entre cinco y diez personas morían cada año, como promedio, escalando ese parque temático en que habían convertido el Everest. Cuerpos congelados que no conocerían otra tumba que la nieve de la ladera de una montaña indiferente. La gente estaba muy loca y, por una dosis de adrenalina o por ganar estatus ante los ojos de cuatro amigotes, podía hacer las más ridículas y peligrosas locuras.

En páginas de internet llamaban a la Ciudad Nuclear «el Chernóbil cubano». A la cara, se trataba de un *clickbait*; una propaganda totalmente engañosa, pues la central nuclear nunca se llegó a terminar y, por lo tanto, sus ruinas no representaban un peligro para la salud o la vida humana, como sí la zona de exclusión de Chernóbil. Pero era lícito que Cienfuegos quisiera atraer al *dark turism* con sus promesas. ¡Que vinieran todos esos loquitos a dejar sus dólares en la provincia! Sin embargo, el único riesgo al que un turista se expondría en ese contexto era el de recibir un llamado de atención por parte de los militares que custodiaban el perímetro.

¿Qué estaban cuidando esos militares, en cualquier caso? ¿Las piedras? Quizás el Gobierno, al mandarlos allí, quería dar la idea de que todo aquello no había sido un enorme derroche de dinero y esfuerzos, y que todavía poseía algún valor, al menos simbólico, que debía ser custodiado. Mientras tanto, el Coyote hacía florecer su negocio de colar gente a las ruinas de Juraguá, posiblemente con la anuencia de los mismos militares a los que fingía burlar. ¿Y quién era yo para negarme a participar de un paripé tan bien montado?

Me puse de pie como un resorte y le di las gracias a Anselmo por el café. Le dije que recogería mis cosas e iríamos a ver a ese tal Coyote, sin revelarle que ya yo lo había conocido el día anterior.

Desmontar siempre era más rápido. Traté de que no me ganara el ansia y guardé, con cuidado, cada pieza en su sitio, velando por que no se me quedara allí ninguna cosa. Mis pomos de agua estaban vacíos. Me tomé la mirringa que quedaba en el fondo de uno de ellos, un caldo caliente y espeso, e hice la nota mental: pedirle a Anselmo que me dejara rellenarlos en su casa.

Faltaban veinte para las siete de la mañana. El cielo estaba clareando y la Ciudad Nuclear comenzaba a desperezarse. Tenía todo recogido y la mochila a la espalda. Estaba listo. Regresé a la casucha, pero no encontré a Anselmo por ninguna parte. Lo llamé a voces y me contestó desde un diminuto cuarto de madera aledaño a la casa. Me acerqué y olía como el demonio. Una letrina. Anselmo me contestó desde el interior que estaba cagando y que se demoraba. Me dijo que me diera una vuelta y regresara en diez minutos. Entonces le avise de que necesitaba rellenar los pomos de agua en su fregadero. El silencio que me dio como respuesta decidí interpretarlo como un «Adelante. Estás en tu casa». Entré y me dirigí al fregadero. Las tazas del desayuno estaban junto a unos platos sucios que bien podían datar del Neolítico Superior. Tuve el pensamiento fugaz de fregar todo aquello como forma de agradecerle a Anselmo su hospitalidad, pero no vi detergente ni esponja ni nada y, la verdad, me dio un poquito de asco los restos de comida flotando en el agua estancada y la leve peste a podrido que subía del tragante. Aparté un poco la loza para que cupiera el primer pomo y lo puse a llenar. El chorro no tenía casi potencia. Aquello iba a demorar un rato. Me entretuve mirando alrededor, aunque tampoco había mucho que ver. Estaba todo oscuro. No se me había ocurrido encender una luz al entrar y desde mi posición no podía localizar ningún interruptor. ¿Tendría corriente el viejo en la casucha? Cuando hacía un rato nos habíamos tomado el café, ¿con qué nos alumbramos? La única claridad era la que entraba por la ventana de la cocina, ubicada sobre el fregadero.

Terminé de llenar mi primer pomo y pasé al segundo. Mis ojos ya se habían acostumbrado a la oscuridad y ahora percibían las formas de los objetos. Me entretuve en adivinar qué eran. Por allá una palangana; al frente un banquito y recostado en él... ¿un racimo de plátanos? Por allí el taburete donde se había sentado el viejo hacía un rato. Al lado, una mesita esquinera y sobre ella un objeto que no alcancé a definir. Mientras forzaba la vista, un resplandor iluminó la estancia; del susto, di un brinco. La luz provenía del objeto que había estado escrutando. El pomo se me desbordó y lo saqué con cuidado del fregadero. Guardé ambos en la mochila y fui hacia la mesita.

Encendí la linterna de mi celular y apunté a su superficie. Había una lámpara ahí, pero no se parecía a nada que yo pudiera reconocer. La base redonda era de metal bruñido al igual que el cuerpo cilíndrico. Un metal opaco, con el color del plomo. El diseño era sencillo, pero no trasmitía elegancia, sino robustez. Parecía pesar muchísimo para ser un objeto tan pequeño. La pantalla era una esfera traslúcida amarillenta y estaba un poco empañada. Parecía vieja y al mismo tiempo no. Aquí y allá se veían marcas de huellas dactilares y por un momento creí estar investigando la escena de un crimen. El bombillo era también bastante raro. Un bulbo redondo y traslúcido con un mecanismo interno compuesto por varios filamentos que se enroscaban en un diseño intrincado. Pero lo más extraño era que el artefacto, excepto por un puerto cuadrado en su base, no tenía interruptores, ni cables ni nada que indicara cómo se encendía o cómo se alimentaba de energía.

Acerqué la cara y percibí una levísima vibración en su interior. Descubrí que en la base, por la parte de atrás, tenía una inscripción. Me fue imposible leerla porque estaba escrita con alfabeto cirílico. El corazón me latió fuerte e imaginé estar frente a un vestigio de los tiempos de bonanza de la Ciudad Nuclear. ¿Sería una lámpara soviética? Imposible. Estaba demasiado bien conservada. El vidrio fino de la pantalla no hubiera resistido treinta años de ajetreos y menos en las manos de Anselmo, que no parecía ser la persona más cuidadosa del mundo. Los bolos hacían las cosas para que duraran toda la vida, pero esa lámpara no parecía fabricada en los noventa y mucho menos antes. Le tiré una foto, hice zoom y también retraté la inscripción para traducirla una vez que tuviera internet. Le estaba dando vueltas a la base, sin levantarla de la mesita, para ver si encontraba escrita otra cosa, un año, algo que me pudiera sonar, cuando volvió a ocurrir. Otro fogonazo. Pero esta vez estaba tan cerca que la luz me encandiló.

Exasperado, me separé instintivamente de la mesita y, con el impulso, tropecé con otro mueble a mis espaldas. El susto me hizo sentir ridículo. Mejor me largaba de allí, no fuera que el viejo regresara y a ver cómo le explicaba qué estaba haciendo. Capaz que Anselmo creyera que intentaba robarle. Salí de la casa y oteé el horizonte de edificios derruidos. El viejo debía seguir en la letrina. Ya había cierto movimiento de gente en las calles. Personas que se dirigirían a sus trabajos. Enfilé hacia donde se veían pasar. Algunas entraban a un portal de un edificio de apenas dos plantas que lucía más cuidado, parecía una construcción reciente. En la planta baja había una tiendecita; una MIPYME de esas que habían florecido con el reordenamiento económico. Me había puesto de suerte. Allí podría abastecerme de provisiones.

Saludé a la dependienta al entrar y rebusqué en las estanterías. Eran productos de fuera y también cubanos. Me asombraba lo rápido que nos habíamos acostumbrado a que la gente pudiera importar mercancías de los Estados Unidos, Latinoamérica e incluso Europa. El país era así. De lejos parecía que nada cambiaba, que no se había movido un ápice en sesenta años, pero, en verdad, era todo lo contrario; mudaba de un día para otro y el que se iba y regresaba a los seis meses encontraba un país totalmente distinto al que dejó.

Le eché mano a unas latas de atún. Estaban carísimas, pero era lo más cómodo para mi situación campista. También cogí un paquete de panes, una lata de leche condensada y unas galleticas dulces. Me dirigí al mostrador y le pregunté a la dependienta si aceptaba transferencias.

—Pipo, solo estoy cogiendo efectivo —me dijo con una nota de hastío en la voz.

Saqué de la billetera dos mil pesos en billetes de a quinientos y entonces recordé algo.

—¿Tienes picadillo? —le pregunté.

La dependienta asintió, se dio la vuelta, y de una pequeña nevera a su espalda sacó un tubo de picadillo El Cocinerito, que depositó sobre el mostrador. Le di las gracias y le entregué los billetes.

Cuando regresé a la casa, Anselmo ya había acabado en la letrina. Estaba sentado en un quicio del portal sacándole filo a su machete. El chivito del día anterior berreaba a su costado.

—Ya yo estoy listo, puro. Cuando usted quiera —le dije—. Mire, esto es para usted. —Y le entregué el tubo de picadillo.

Él lo miró extrañado. No me dio las gracias, solo asintió con la cabeza lentamente. Pensé que quizás había metido la pata y Anselmo no tenía manera de refrigerar eso, que debía haberle comprado algo ya preparado.

—Vamos —habló al fin y se incorporó del quicio.

Guardó el picadillo en un morral que se echó al hombro, se envainó el machete a la cintura y caminó decididamente hacia la dirección de la que yo acababa de venir.

Anduvimos un rato en silencio. En un momento, le pedí parar porque tenía que hacer mis necesidades. El matorral que utilicé para ello se me antojó muchísimo mejor que la letrina de Anselmo. Seguimos camino y yo tenía muchas ganas de sacar la cámara y hacer algunas fotos, pero no iba a ralentizar más la marcha por esa majadería. Ya tendría tiempo para eso.

Cogimos por una callecita desolada y, a mitad de cuadra, Anselmo se detuvo delante de un edificio.

—Es aquí —me dijo—. En el tercer piso, apartamento cinco. Yo voy primero. Cuando te diga, subes.

Me pareció exagerado tanto misterio, pero asentí.

Anselmo comenzó a ascender las escaleras a paso lento, pero constante. Yo, ahora sí, aproveché y saqué la cámara. Me gustaba el encuadre de la esquina del edificio, pues se veía al fondo un tanque de agua elevado, enorme, de esos que parecían un platillo volador. En La Habana había muchísimos. Eran bastante feos; moles de concreto gris con una base cilíndrica muy larga y, en la punta, una estructura con forma de hongo o de plato. Brutalismo tropical. Parecía un queloide en la piel de un paisaje postsocialista. Esos tanques siempre me remitieron a una trama de ciencia ficción. De niño me gustaba señalarlos a mi abuela desde el transporte público y ella me decía que eran marcianos, luego pasaba a cantarme la de Enrique Jorrín. «Los marcianos llegaron ya y llegaron bailando ricachá. Ricachá, ricachá, ricachá. Como le llaman en Marte al chachachá». Luego ambos reíamos. Sin embargo, en la Ciudad Nuclear la cualidad alienígena de los tanques cobraba incluso más sentido. La foto que saqué bien podría haber sido del decorado de una adaptación de *La guerra de los mundos*.

Saqué varias más. Cuando estaba tras el lente el tiempo solía correr de un modo distinto, se alargaban los minutos y me perdía en la acción de buscar el plano más idóneo, enfocar y apretar el disparador. Sin embargo, la sensación de distensión del tiempo, aquella vez, no era infundada. Anselmo se estaba demorando demasiado.

Saqué el móvil y comprobé si tenía internet. Una delgada raya me avisó de que sí. Revisé WhatsApp. Tenía mil mensajes, todos intrascendentes. Memes en varios grupos de los que no me he salido por pereza, un saludo pasivo-agresivo de Xiomara desde Madrid y algunos mensajes de grupos de compraventa. Recordé la foto de la lámpara que había tomado hacía unos minutos en la casa del viejo e intenté hacer una búsqueda por imagen en Google. Se demoraba demasiado. Cuando casi había desistido, el buscador arrojó algunas respuestas. Todas las imágenes que aparecieron habían sido generadas por IAs. Algunas tenían la curiosa etiqueta de «atompunk».

Pasé entonces a buscar lo que significaba la inscripción con las letras en cirílico. Oí un ruido en las escaleras. Era Anselmo, que bajaba. El buscador convirtió la imagen en letras: «Сделано в ядерном городе в две тысячи двадцать третьем году, год марсианской революции». Copié e introduje la frase en Google Translate, que me la devolvió en su español desapasionado: «Hecho en la Ciudad Nuclear en dos mil veintitrés, el año de la Revolución Marciana». Parpadeé sin entender qué estaba pasando y la conexión se cayó justo en el momento en que el viejo, parado frente a mí, exultante y con el jolongo lleno de algo muy pesado, me decía:

—Muchacho, ya puedes subir.

Claudia

Escribí que el nombre de mi abuela era Olga Undrusikova. Dije que había nacido en Bratislava en 1946, el año en que expulsaron a los nazis de Checoslovaquia. Mi abuela y yo éramos muy parecidas. Cabello castaño y excesivamente lacio, aunque escaso; clareaba en la coronilla. Ojos verdiazules grandes y expresivos. Complexión delgada, pero fibrosa. Eso sí, mi abuela había sido una mujer muy alta. Si lo hubiera deseado, podría haber jugado baloncesto de manera profesional, porque sus reflejos eran exquisitos; mucho mejores que los míos, que he sido siempre pésima en deportes y, para colmo, bajita. Olga Undrusikova, sin embargo, estudió Enfermería y esos buenos reflejos fueron mejor empleados salvando vidas en la Unidad de Cuidados Intensivos donde trabajó la mayor parte de su vida.

En el sesenta y ocho, mi abuela vio entrar los tanques a Praga. Presenció el horror de los cuerpos masacrados y amontonados en la plaza. El «rostro más humano» del socialismo de Alexander Dubček arrastrado por el pavimento. La primavera fue precedida por un cruento invierno soviético de restricciones y delaciones. Y el mundo entero se espantó. Mi abuela sintió morir en su pecho la esperanza. Estaba embarazada en ese momento, aunque no lo sabía. Tampoco que criaría sola a ese hijo porque el padre fue uno de los trecientos mil checoslovacos que abandonaron el país en la oleada de migraciones que precedió a la invasión de las tropas del Pacto de Varsovia.

Olga Undrusikova siempre quiso conocer Cuba. Imaginaba que vivir en un país soleado y cálido sería maravilloso. No sabía mucho de esa tierra lejana, solo que hacía buen tiempo y que su gente era amable y cálida, como su clima; que en el verano, sus mujeres, de una belleza insoportable, se paseaban ligeras de ropa por playas de arena fina. Le hubiera gustado visitar Cuba o irse a vivir allí. Pero sabía que su lugar estaba en Praga, salvando vidas en la Unidad de Cuidados Intensivos. Su deber era quedarse allí, aunque fuera duro.

Había leído a escondidas la Carta 77, en el año de su publicación. Václav Havel y otros doscientos intelectuales denunciaban en ella las violaciones a los derechos humanos que se estaban cometiendo en el país desde la invasión. Mi abuela estaba de acuerdo con todo lo que allí se decía. Ella había visto entrar los tanques; había visto los cuerpos masacrados y amontonados en la plaza.

Su hijo, en cambio, no sabía qué era Cuba. Le gustaba jugar a la guerra y cantar. Tenía diez años. Sin embargo, a los veintitrés, cuando se tituló de ingeniero, entró en un programa para viajar a Cienfuegos y construir una central nuclear en el Caribe. Olga Undrusikova se sintió muy feliz de que su hijo fuera a la tierra cálida de sus añoranzas y dejara la suya atrás, aunque fuera por un tiempo. Checoslovaquia vivía su Revolución del Terciopelo y, como el resto del mundo, se hallaba expectante respecto a lo que pasaría con el socialismo luego de la caída del Muro de Berlín.

El hijo pródigo regresó al año siguiente a Praga. El proyecto de la central nuclear se había cancelado. En su país se celebraban las primeras elecciones libres después de cuatro décadas. Václav Havel, el mismo que había sido encarcelado por sedición en 1979, se convertía en el primer presidente de la República Checa. El hijo encontró a su madre ilusionada con los cambios. Ella se alegraba por su regreso y le pidió que le contara de Cuba. Pero él se mostraba más bien parco, como si no quisiera pensar mucho en el asunto. No obstante, le habló del calor y del agua del mar, que era caliente como una sopa.

Un año después de su regreso, Olga Undrusikova encontró una carta en el bolsillo de un abrigo de su hijo. Estaba escrita en otro idioma, con letras que ella apenas sabía descifrar. En el sobre vio un sello que era el dibujo de una playa soleada con arena fina muy blanca. Pudo adivinar que una de las palabras en los datos del remitente era «Cuba». No se atrevió a robar la carta y buscar a alguien que supiera español para que se la leyera, pero sospechaba que lo que allí estaba escrito era el motivo de la melancolía de su hijo.

Olga Undrusikova devolvió la carta al bolsillo del abrigo y fingió que no había ocurrido nada. Aunque en su fuero interno deseó que su hijo volviera a ser el niño alegre que jugaba a la guerra y le gustaba cantar; deseó que se deshiciera de ese ánimo taciturno que debían poseer todos los hombres de

Checoslovaquia y se sentara, por una vez, a su lado para contarle de esa muchacha de belleza insoportable que había conocido en Cuba y de la que se había enamorado.

Pero eso no ocurrió. Mi abuela, entonces, siempre tan comprensiva, quiso pensar que era normal que su hijo quisiera olvidar un amor ocasional, por más bella que fuera la muchacha y por más cálida que estuviera la tarde del día en que le confesó su amor. El mundo en que se hicieron aquellos juramentos había cambiado. Cuba, para ella y para su hijo, volvería a ser una tierra lejana de la que conocían poco. Apenas que el clima era bueno, la playas, hermosas y de arena muy fina, y que vivía allí una muchacha que en ocasiones pensaba en un checoslovaco al que una vez amó.

Olga Undrusikova jamás se enteró de que mi madre, una muchacha de una belleza promedio y ampliamente tolerable, que también había estudiado Enfermería y se dedicaba a salvar otras vidas en un modesto hospital, se había quedado embarazada de su hijo. Nunca supo que del otro lado del mar otra madre criaría sola a su hija.

Escribí que mi abuela murió de cáncer de útero a los sesenta y cuatro años en Praga, República Checa. Olga Undrusikova nació en Checoslovaquia, pero murió en la República Checa. Murió acompañada por su hijo, en el mismo hospital donde había trabajado la mayor parte de su vida, solo que en la Unidad de Cuidados Paliativos. Dije que en sus horas postreras le había dado por recordar. Vio, una última vez, los tanques entrando a Praga y los cuerpos masacrados y amontonados en la plaza y lloró un llanto quedo, sin lágrimas. Luego se calmó y le preguntó a su hijo qué decía la carta que había recibido de Cuba hacía muchos años. «¿Recuerdas? La encontré en tu bolsillo». Mi padre mintió y dijo que lo había olvidado, que era algo sin importancia. Olga Undrusikova decidió creerle y le pidió que le contara otra vez de las playas de arena fina y agua caliente como una sopa. Y así lo hizo mi padre. Habló hasta que mi abuela se fue apagando, despacio, como quien dice adiós a cada cosa que en la vida le sirvió para algo.

Benicio

El número 5 de la tercera planta tenía la puerta entreabierta. Dije «Con permiso», la empujé y pasé. El apartamento estaba en penumbra. Tenía que tratarse de un apagón, pues nadie en su sano juicio esperaría por un cliente en aquella oscuridad dramática. Sentado en una butaca, Cirilo, el Coyote, me esperaba. Llevaba, si no la misma, una vestimenta parecida a la del día anterior, cuando lo había conocido. Camisa guarapeteada, pantalón campana y botas cañeras. La ropa, a decir verdad, estaba impecable, casi parecía recién estrenada; pero eso era imposible porque nadie estrenaba una bacteria desde 1979.

—¿Qué tal, Cirilo? ¿Cómo está la cosa? —le dije tratando de sonar casual.

No me salió. Me di cuenta de que me había puesto un poco nervioso. No sabía a qué se debía; quizás fuera el ambiente lúgubre del lugar y que podía adivinar el cuerpo de Cirilo, su cara desencajada y sus ojos vagos, pero no verlos realmente.

—Aquí, en la luchita, pepillo —me respondió Cirilo con la voz cascada. ¿Quién seguía diciendo «pepillo» a esas alturas?

Todo en él era extrañamente anacrónico–. Estaba esperándote.

Pero yo no estaba de ánimos para jueguitos, así que fui directo al grano:

–Ya usted sabe que necesito entrar a las ruinas de Juraguá. Quiero hacer una película sobre lo que pasó aquí. Necesito hacer un levantamiento del terreno y hablar con alguna autoridad para que me diga a qué organismo le debo pedir permiso para filmar.

Cirilo chasqueó la lengua y el bulto de su cuerpo se movió en la oscuridad, cruzando una pierna.

–Primero que todo, trátame de tú. Segundo, yo te puedo colar en Juraguá, pero no pienso llevarte a hablar con ninguna autoridad y tampoco te recomiendo hacerlo. Esas ruinas son zona militar. Hace unos meses, quizás un año, empezaron a dejar en la estructura del reactor restos de los hospitales. Material radioactivo o tóxico de los equipos médicos. Por vías oficiales no hay manera de entrar al lugar. Ellos no van a dejar que se meta un equipo de filmación en un lugar peligroso para la vida.

Al final, Juraguá sí se había convertido en una zona radioactiva. No supe por qué esa noticia me alegró, como si las ruinas hubieran logrado, en un golpe de justicia poética, alcanzar su verdadero destino: ser un Chernóbil cubano con todas las de la ley. Casi parecía a propósito. ¿Esos militares no serían en realidad trabajadores del Ministerio de Turismo y todo aquello una jugada maestra para potenciar en el país el turismo de alto riesgo? Aunque las conspiraciones fueran mucho más divertidas, lo que había pasado en realidad era que las autoridades gubernamentales habían decidido aprovechar una estructura resistente y bien hecha para resolver un problema urgente, y así convertir un vertedero simbólico en uno real.

—Pero a lo mejor me dejan filmar por fuera —insistí.

—Mira, pepillo, yo te voy a llevar allí para que tú veas. Lo que hagas con esa experiencia y esa información no es asunto mío. Yo solo te explico cuál es la situación. Hace un tiempo llegaron un par de camiones militares, levantaron una cerca y pusieron una posta en las ruinas. Ahora siempre hay cadetes de guardia y carteles de «Prohibida la entrada» por todo el perímetro.

Cirilo me miró como quien empezara a hartarse, pero yo no perdí la oportunidad para replicar:

—Por todo el país hay carteles de «El futuro pertenece por entero al socialismo» y, sin embargo, aquí estamos.

El Coyote se rio. Se rio con ganas.

—Siempre hay maneras de burlar los carteles. Aplica para esta situación y para la vida —me dijo.

—¿Las frases motivacionales vienen en el paquete o hay que pagarlas aparte? —pregunté con sorna.

El Coyote volvió a reír.

—Son gratis. El viaje, por otra parte, tienes que pagarlo ahora.

Me preparé para recibir la mordida del cánido.

—¿En cuánto me va a salir?

Por sus mandíbulas estrechas y cráneo aplanado, la fuerza de mordida de un coyote es menor a la de razas de perros grandes como pastores alemanes o rottweilers.

—Tres mil pesitos.

Suspiré y busqué el dinero en mi mermada billetera. Cirilo se incorporó, tomó los billetes de mis manos y los dejó sobre la mesa con cierto desdén. Me fijé en que al lado de donde los había puesto estaba el tubo de picadillo que le había regalado a Anselmo. Recordé la alegría en su cara cuando lo vi abajo y cómo casi no podía cargar con el jolongo lleno. ¿Por qué cosa habría cambiado Anselmo el picadillo? La imagen de la extraña lámpara destellando en la oscuridad de la casucha del viejo apareció en mi mente como un fogonazo y mi corazón dio un vuelco.

—Bueno, salimos ahora ¿te parece? —dijo el Coyote y se encaminó a la puerta.

De la Ciudad Nuclear hasta Juraguá habrá casi diez kilómetros y los haríamos a pie. A las ocho de la mañana el sol no picaba tanto, así que no hacía el calor insoportable y pegajoso que solía acompañar a los días de junio. Por mis experiencias senderistas anteriores, calculé que podíamos tardar unas dos horas en llegar, si íbamos a paso ligero. El Coyote avanzaba rápido, a veces demasiado rápido para mí, que iba cargado con una mochila de casi diez kilos.

La primera hora se entretuvo contándome la historia de la construcción de la central nuclear. Por supuesto que yo me la sabía, pero supuse que formaba parte de su paquete turístico, así que lo dejé hacer. El Coyote relató con su voz profunda, de locutor de radio amateur, que el plan original había sido construir doce reactores en tres plantas nucleares en distintos puntos del país: Cienfuegos, Holguín y Pinar del Río. Los trabajos en Juraguá habían comenzado en 1983, luego de que el Fifo viajara a la URSS y conociera la energía atómica. El tipo había regresado con una nueva gran idea, la de construir una o varias centrales nucleares en la isla con el objetivo de volvernos autosuficientes energéticamente, aunque los cálculos arrojaban que Juraguá solo produciría el quince por ciento de la energía total del país. Pero, bien mirado, un quince por ciento es muchísimo.

A los Estados Unidos no les hizo ninguna gracia que los soviéticos volvieran a ponerse con jueguitos peligrosos en su patio trasero. ¿No habían tenido suficiente con la crisis del sesenta y dos? Ahora se sacaban de la manga una central nuclear que, en caso de ocurrir un desastre, comprometería toda la zona y las lluvias ácidas llegarían hasta Texas.

Cuando en el ochenta y seis ocurrió lo de Chernóbil, los yumas desplegaron su aparato de espionaje y redactaron decenas de aguerridos informes en que advertían que aquello que se estaba construyendo en Juraguá no cumplía con los requisitos mínimos, ni de personal ni de infraestructura, para funcionar. No obstante, las autoridades cubanas se hicieron los chivos con tontera y prosiguieron con el proyecto. Lo que había ocurrido en Chernóbil eran gajes del oficio, el precio que se debía pagar por vivir en el siglo XXI. Ya Cuba y la URSS vivían en el siglo XXI desde 1980. Se dejó de hablar de ello; sin embargo, de doce reactores a lo largo del archipiélago el proyecto de Juraguá se redujo a la construcción de dos reactores que –mágicamente y nuevos cálculos mediante– producirían ahora un treinta por ciento de la energía total del país.

A principios de los noventa, el personal soviético se hizo cargo del proyecto. La Ciudad Nuclear se llenó de rusos, todos profesionales de la Universidad de Moscú, los más brillantes en el campo de la energía atómica. Se instalaron, algunos, en cuatro edificios de la Ciudad Nuclear y otros en Cienfuegos. Pero en 1992, con el desbaratamiento de la URSS, recogieron los chelines y se marcharon, dejando la central a medio construir. La estructura de uno de los reactores se llegó a completar, pero la del otro no llegó ni a la mitad.

Con el paso del tiempo, se convirtió en un cementerio de materiales de construcción al que la gente iba con mandarrias a llevarse lo que pudiera robar para levantar sus propias viviendas. Los «comepiedras» les decían a estas personas. Por ese tipo de prácticas habían cercado el perímetro. Sin embargo, la gente continuaba entrando. Solo con la llegada de los militares la cosa se había puesto de verdad seria. Cirilo dijo haber estado llevando gente a las ruinas, por lo menos, desde hacía siete años. Lo dijo con cierto orgullo, como si se percibiera como el guardián de algún lugar de culto.

–Con todo lo hippy que me ves, yo en realidad soy un hombre de ciencias –me dijo–. Soy uno de ellos; uno de los que estudió Física Nuclear en los ochenta y pensó que iba a trabajar toda su vida en la central y transformar el país en un paraíso futurista. Sí, sí. Lo de hippy fue un efecto colateral del desengaño.

Parecía estar de buen humor, así que me animé a hacerle preguntas para alentar la conversación.

—¿Y tienes muchos clientes? ¿Viene mucha gente a pedir que los cueles en las ruinas?

—Viene gente. No sabría decir si son muchos, pero más de lo que uno pensaría —respondió como si hablara para sí mismo.

—¿Extranjeros? —aventuré.

—No. La mayoría, cubanos.

—¿En serio?

Evidentemente el Ministerio de Turismo no estaba explotando el filón como debía.

—Por supuesto. Son los cubanos quienes lo necesitan más.

Me quedé un poco confundido con su afirmación.

—¿Qué necesitan? —se me escapó junto con una risa nerviosa.

—Verlo —respondió el Coyote como si fuera evidente, como si le estuviera haciendo perder el tiempo con frases innecesarias.

El misterio me emparanoió. Me descubrí pensando cómo me tendría que defender del Coyote si intentaba atacarme. ¿Qué tal si me estaban esperando cuatro tipos en un herbazal para robarme la cámara? Cirilo se veía fuerte, a pesar de que tenía edad suficiente para ser mi padre. Su cuerpo, aunque desgarbado, era fibroso. Debía de ser de esa clase de flacos que luego eran capaces de cargarte en peso y tenían el abdomen definido y duro, no por quemar en un gimnasio ni matarse con ejercicios de activación del core, sino por contraer instintivamente el abdomen a la espera del próximo gancho de la vida. Evalué si podría ganarle en una pelea y concluí que sí; pero si de un matorral salían cuatro más, estaba perdido. Una tensión me recorrió el cuerpo, pero estábamos muy cerca de la Central de Juraguá. Si todo aquel periplo había sido con el objetivo de robarme, ya lo hubieran hecho muchos kilómetros atrás.

Me deshice a la fuerza de mi paranoia y saqué la cámara. Tenía que tomar fotos de lo que veían mis ojos. La estructura gris y redondeada de la central abandonada era imponente y estaba justo frente a mí. Si hacía zoom con la cámara podía retratar el detalle de las cabillas sobresaliendo del cemento en el techo de la cúpula, que se asemejaba a un gigantesco erizo de mar. Había visto fotos tomadas desde arriba en las que podía verse la planta y era lo más parecido a un laberinto que cualquier otra cosa que yo hubiera podido conocer. El pecho se me llenó con algo parecido a la emoción.

–La gente que llega a las ruinas lo hace buscando algún tipo de consuelo, pepillo –dijo el Coyote–. Es terapéutico. La vista de lo que pudo ser y no fue les produce alivio; se dan cuenta de que el fracaso de sus vidas no es enteramente culpa de ellos o de sus malas decisiones.

–La gente viene aquí para reconocerse como víctimas del sistema. ¿Es eso? –le pregunté a Cirilo y en mi voz se transparentó que aquello me parecía bastante patético.

–¡No, chico! O sí… pero no solo eso. La gente quiere poder imaginar que en otro mundo las cosas hubieran sido mejores. Que les tocó la línea temporal mala, pero que en algún pliegue del espacio-tiempo existe una Cuba donde sí fueron felices.

No me había imaginado al Coyote hablando en términos tan cienciaficcionales; pero tenía sentido que aquella metatranca mecánica-cuántica conectara con alguna de sus facetas hippies.

—Ah, entonces vienen a buscar conformismo o, mejor, estoicismo para seguir adelante. ¿Tus principales clientes son militantes del PCC? —me burlé.

—Son gente de todo tipo. Y vienen a recuperar la esperanza —dijo y se detuvo en seco. Habíamos llegado a la alambrada que delimitaba la zona de la central nuclear.

Una parte de la cerca estaba rota. El hueco permitía, perfectamente, la entrada de un cuerpo delgado. Nos metimos con cuidado, la cabeza por delante. Pasé primero mi mochila, que se enganchó en un alambre y tuve que forcejear para zafarla.

Una vez dentro, la actitud del Coyote cambió por completo. No sé si porque se había molestado por mi último comentario, pero no volvió a pronunciar palabra. Yo hice lo mismo y me limité a seguir sus pasos. Tenía miedo de que nos descubrieran y nos buscáramos un problema nada menos que con el ejército, pero ya era demasiado tarde para vacilar.

Entonces el Coyote comenzó a moverse por el terreno de una manera extraña. La estructura inacabada del reactor quedaba justo frente a nosotros, sin embargo, no caminábamos hacia ella en línea recta. Podía entender que buscáramos los puntos ciegos de las postas de control, pero el desplazamiento que me hacía seguir el Coyote era totalmente errático. Me daba la impresión de que en cualquier momento nos sorprenderían los militares y no me podía imaginar cuáles serían las repercusiones de nuestro delito. No podía ser tan grave. Marita me había contado que el Coyote tenía varias actas de advertencia; y ahí seguía, colando gente en las ruinas.

No obstante, no me hacía ninguna gracia tener problemas con la autoridad.

Para ser negro o mulato o lo que yo fuera... Una persona racializada, como diría Claudia, la policía me solía parar bastante poco, para pedirme la documentación o preguntarme las razones de mi presencia en el lugar que fuera. Tenía amigos negros a los que los paraban con una frecuencia insufrible. Ellos me decían que lo que pasaba era que yo no tenía cara de pobre. No entendía bien a qué se referían y aquello me había abrumado en su momento. Luego lo fui entendiendo y concluí que, quizás, instintivamente, esa estética de los *drelocs*, la ropa ancha y el montón de gangarrias artesanales con que había llenado mis muñecas y mi cuello por años eran una manera de protegerme. No creo que fuera que no luciera «pobre». Sí tenía una pinta medio zarrapastrosa, como me recordaba constantemente mi abuela, pero lucía como un zarrapastroso extranjero y esa diferencia era crucial. Parecer un yuma medio hippy, de los que vienen a Cuba a vivir una experiencia trascendental, me había salvado más veces de las que yo mismo era consciente de que me parara la policía. Sin embargo, en aquella ocasión no creía que me fuera a servir de mucho.

Además, no estábamos hablando de la fiana. Con los militares la historia era otra. ¿Qué harían si nos sorprendían entrando al reactor? ¿Y por qué había allí militares, en primer lugar? Si, como decía Cirilo, el reactor se había empezado a utilizar como vertedero de material médico tóxico, lo normal hubiera sido que pusieran allí a algún tipo de custodio para evitar que la gente penetrara en el perímetro y arriesgara su vida. ¿Cirilo y yo estaríamos arriesgando nuestra vida? El Coyote continuaba desplazándose como si no fuera a los militares a quienes tuviéramos que burlar, sino a alguna otra cosa incomprensible, que solo le había sido dada entender a él. Sin embargo, no me atreví a cuestionarle nada. Seguí su danza arrítmica sin emitir un sonido. Parecía que anduviéramos por un desierto de Arrakis, previniendo la aparición de gusanos de arena que nos devoraran. La idea de hallarme en una trama de ciencia ficción se hizo casi palpable. El Coyote daba rodeos extraños, como si esquivara agujeros invisibles en el suelo. En una de esas lo vi pegar un saltico y quise pedirle explicaciones, pero estábamos bajo un hechizo de mutismo que no supe cómo romper. Solo se oía el frufrú de la hierba crecida contra la tela de nuestra ropa.

Cuando menos me lo esperaba, mi guía volvió a detenerse abruptamente. Casi choqué contra él.

—¿Oyes eso? —me preguntó. Agucé el oído y de lejos me llegaron sonidos de motores que arrancaban—. Son los militares. Están en el cambio de turno —aseguró. Luego me hizo una seña con la mano y me indicó un punto en la estructura que había quedado a medio terminar y que albergaría el segundo reactor. Era una puerta. Por allí entraríamos.

Claudia

Mis compañeros de la residencia no odiaron esa nueva propuesta como habían odiado la anterior. El ejercicio especulativo de mi hipotético –aunque ellos no sabían que era solo hipotético– costado soviético les pareció más adecuado, más auténtico. No obstante, estuvieron muy parcos. A todas luces, temían que montara un show como el de la primera tarde de lecturas y revisiones colectivas. Así que su cizaña fue sustituida por una condescendencia que me desesperó de igual manera.

Lo único que recibí, aparte de onomatopeyas y monosílabos, fue un comentario de Lucas que me advertía de que pusiera atención a «la tesitura de la prosa». Tal cual lo dijo el cabrón, y yo tuve que conformarme con levantar una ceja, porque a nadie más le pareció ridículo y enfermizo que utilizara una frase como esa. «Vigila la tesitura de la prosa porque el texto puede convertirse en una mezcla indeseada entre un documental de bajo presupuesto sobre la Guerra Fría, una telenovela venezolana y un panfleto turístico de tu país». «Tu país», así lo llamó. En mi cara se dibujó una sonrisa que imaginé macabra, pues se me vino a la cabeza que, al presentarnos, Lucas me había dicho que conocía Cuba y que le parecía muy hermosa... Solo había estado en Varadero. La sonrisa previno que otros hicieran acotaciones o me dieran más consejos estúpidos y me alegré, pero también tuve la certeza de que aquella residencia sería una completa pérdida de tiempo.

Renuente a despilfarrar mi tiempo de aquella manera, decidí aplicarme, con mucho más empeño, a conseguir un trabajo. Sin embargo, para ello necesitaba conexión a internet, que en el Delta era mucho peor que en Cuba, por increíble que pareciera. Los últimos días, por ejemplo, no había habido forma de que pudiera revisar mi correo. Y eso que una pesadilla recurrente había estado despertándome más temprano que de costumbre. Pero nada. No había conexión a las seis de la mañana y tampoco a las once de la noche. No había conexión nunca.

En la cabaña había un tocadiscos y mis compañeros a veces lo ponían. Algunas tardes sonaban los ritmos del jazz, el tango o los compases violentos de la música clásica en las habitaciones amplias en la cabaña. Y aunque había radios y televisores algo me hacía pensar que, tal y como pasaba con la wifi, estos no cogían la señal. El Delta parecía estar fuera del tiempo. Una falsa utopía donde la gente no necesitaba encontrar trabajo ni recibir noticias del otro lado del mundo. Sin embargo, era, mal que me pesara, el contexto perfecto para escribir.

Lo de tener pesadillas recurrentes me había pasado toda la vida. Casi siempre se había tratado de imágenes inquietantes o sensaciones opresivas. Sin embargo, mi nueva pesadilla era auditiva. Ni siquiera sabía que los sueños podían ser de esa naturaleza. Soñaba que el río se sacudía y bramaba. En el sueño sabía que se trataba del río aunque no lo viera, aunque me encontrara en el interior de una casa, aunque esa casa fuera mi casa en La Habana. Aquel era un bramido muy diferente al del mar embravecido, que yo conocía a la perfección porque siempre habíamos vivido cerca de la costa. Era un sonido más agudo y burbujeante, pero igual de aterrador. Abría los ojos con un sobresalto y, en los segundos que tardaba en entender dónde estaba, casi podía jurar que escuchaba el mismo ruidoso murmullo que el río tenía en mi sueño colándose por las rendijas de la ventana.

Miraba el reloj en mi celular –que era para lo único que me servía el aparato últimamente– y veía que eran las seis de la mañana. Como no valía la pena volverme a dormir, me iba a la laptop a comprobar si tenía conexión o si los correos en mi bandeja de salida había logrado zarpar hacia su travesía ciberespacial. La respuesta solía ser negativa, pero tenía que seguir intentándolo. A la primera oportunidad, escribiría a mis familiares de Quilmes y averiguaría los pasos y los requisitos para alquilar una habitación. Si tenía que suplicar por un aval, lo haría sin problemas.

Habían pasado ya dos semanas de residencia literaria. Dos más quedaban por delante. Luego de la última lectura colectiva había decidido escribir lo que me saliera de las entrañas.

Lo que dijeran mis compañeros al respecto me entraría por un oído y me saldría por el otro. Para ser escritora era muy necesaria una dosis, aunque fuera pequeña, de narcisismo. Y estaba en el lugar correcto para aprender esa lección.

Escribir para mí siempre había sido un ejercicio de autoconocimiento. ¿Quiénes eran ellos para determinar qué era lo más o lo menos auténtico? En ese momento de mi vida me sentí desnuda dentro de una habitación a oscuras, sin más herramientas para salir de ella que las palabras. Pero estas no me servían para erosionar las paredes y escapar. Con ellas solo podía cavar un hoyo para llegar al centro, al núcleo de todo lo que había sido y de todo aquello en lo que me podría convertir.

Una tarde decidí dar un paseo. No nos habían prohibido explícitamente abandonar la cabaña, aunque ninguno de mis compañeros lo había hecho hasta ese momento. La lancha sí nos advirtieron que era para casos de emergencia, pero nadie podía impedirme que diera una vuelta por las inmediaciones del lugar. No tenía nada de malo o peligroso que estirara las piernas y pisara otro suelo que no fuera el de madera preciosa o alfombras carísimas de la residencia. Tampoco es que hubiera muchos lugares a donde ir. La tierra firme era escasa. Pero necesitaba salir de la cabaña, despegarme de su olor a sándalo y, sobre todo, separarme de mis compañeros, por un rato al menos.

Caminé entre la hierba crecida, poniendo cuidado de no tropezar o meter el pie en un hueco. Quería llegar hasta el límite del islote. Esa tarde el río lucía un verdor extraño. Quizás era producto de la luz de un día perfectamente despejado, pero no le había conocido ese tono antes. Pasé cerca de otras cabañas y no detecté ni un sonido que indicara la existencia de inquilinos en ellas. Eran igual de lujosas que la de la residencia. Parecía que su construcción era reciente. Quizás ni siquiera habían sido vendidas al rico de turno.

El delta del Tigre forma parte del delta del Paraná, una de las regiones más biodiversas de Argentina. Los humedales y el río son el hogar de aves, peces, reptiles y mamíferos acuáticos autóctonos y también de algunas especies invasoras como el pez carpa, el castor canadiense o los chetos. La urbanización descontrolada está poniendo en riesgo la biodiversidad del Delta. Las construcciones de barrios privados han desplazado a especies endémicas y contaminan el agua del río. También otros mamíferos acuáticos, los hombres y las mujeres de aquí, han sido desplazados, teniendo que salir del ecosistema en que han vivido por generaciones para habitar el conurbano y aumentar su superpoblación. Todo para que unos chetos tengan un lugar junto al río donde preparar y comer sus asados. Al construir junto al río se modifican los patrones de drenaje natural y sobrevienen inundaciones.

Había investigado todo eso antes de venir y ahora me descubría siendo parte del problema. Me sacó de mis cavilaciones un ruido de hierbas que se movían con cierta violencia. Algo se arrastraba por el suelo a mi derecha y me hizo dar un brinco. Las serpientes eran parte fundamental del ecosistema del Delta. La mayoría eran inofensivas, pero podía tener la mala suerte de toparme con una yarará de cabeza triangular, que era extremadamente venenosa. Apuré el paso. Comenzaba a arrepentirme de mi temeraria idea de dar un paseo sola por el islote cuando faltaba nada para la puesta de sol.

Llegué al extremo de la isla. La tierra se cerraba en una especie de pico. Me agaché junto al borde y miré con fijeza el río. Puse toda mi atención a su canción líquida, que parecía interpelarme. No muy lejos de la superficie se movían algunos peces de colores. Había una zona, cercana a donde estaba, cubierta por camalotes enormes. Solo había visto esas plantas flotantes en dibujos animados y tenerlas frente a mí me emocionó de una manera infantil.

Corría una brisa deliciosa que hacía moverse rítmicamente las ramas de los árboles. Serían sauces criollos o álamos, que según internet, eran los más comunes en el Delta; pero yo no era capaz de diferenciarlos. Tampoco importaba. Era la primera vez en mucho tiempo que me sentía feliz. Y me permití pensar un momento en Benicio. A él le hubiera encantado el paisaje y seguro que sabría la diferencia entre un sauce criollo y un álamo. Solía almacenar en su cabeza un montón de datos: informaciones que había leído alguna vez en Reddit y que su memoria se las arreglaba para no olvidar.

Tomé varias fotos con mi móvil y luchaba contra el impulso de enviárselas a Benicio, cuando sentí una presencia detrás de mí. Me di vuelta y me topé con Elvira.

—Me asustaste —le confesé—. Pensé que eras una yarará.

Elvira traía consigo los andariveles con los que los argentinos suelen cargar para cebarse un mate: calabaza, bombilla y termo de metal. Se había quitado la cofia y el delantal y el uniforme había perdido su apariencia ominosa, ahora que vestía a un cuerpo relajado y, podría decirse, que irreverente.

—Ya no hay yararás en esta zona del Delta. Tienen más miedo de nosotros que nosotros de ellas.

Nunca había escuchado a Elvira decir tantas palabras juntas. Ahora que la miraba bien, me daba cuenta de que era joven. De ninguna manera llegaba a los cuarenta. Era ese maldito uniforme el que le sumaba años y le sacaba los visos de humanidad a su complexión.

—¿Tú eres de aquí, Elvira? —le pregunté con genuino interés.

—Sí, acá nací. Y, mientras pueda, de acá no me moveré —dijo y le dio una chupada a la bombilla. Miraba el horizonte en lugar de a mí cuando hablaba. Algo ancestral se percibía en su voz.

Mi cabeza fabuladora compuso una biografía patética de su vida: Elvira a los ocho años nadando en el río junto a otros niños, riendo y gritando; Elvira, al terminar el secundario, lavando junto a su madre la ropa de los ricos por muy poco dinero; Elvira experimentando su primer orgasmo a los pies de un sauce criollo; Elvira sufriendo la expropiación de su humilde cabaña por una constructora inmobiliaria; Elvira consiguiendo el puesto en la residencia literaria y siendo obligada a usar ese maldito uniforme.

Pero me detuve. No iba a convertir a Elvira en un personaje. La miré mientras ella miraba el horizonte del Delta y deseé que fuéramos amigas y nos contáramos confidencias.

Ella parpadeó y me preguntó si quería fumar un pucho. Vi en su mano el paquete del tabaco suelto y le dije que sí, pero que no sabía liar cigarrillos. Me pidió que le sujetara las cosas del mate, que ella lo hacía por mí.

—¿Querés tomar un poco? Aprovechá que está medio lavado —me convidó.

Pegué mi boca al lugar donde había estado la suya.

Un trago amargo y frío me subió a la garganta e hice todo el esfuerzo por tomarlo sin toser. Sabía a colillas. Elvira debió de verme la cara de asco porque se echó a reír.

—¡Pará! ¡Echále más agua primero!

Yo fingí un gemido lloroso y ella volvió a reír con muchas más ganas. Destapé el termo para realizar la operación más complicada que un extranjero puede hacer delante de un argentino.

—Pero no lo removás —me advirtió mientras se pasaba el papel del segundo cigarrillo por la lengua.

—Sí, ya sé. La bombilla no se toca.

El segundo trago fue mucho mejor, pero todavía no le encontraba la gracia a tomar aquel mejunje amargo.

—¿Y? —me interrogó Elvira con tono de impaciencia.

—Esto del mate debe de ser un gusto adquirido —sentencié.

—Y sí. Como todo lo bueno en esta vida —dijo mi nueva amiga levantando ambas cejas—. Tomá. Verás como con el pucho mejora. —Y me tendió el cigarrillo.

Encendimos y nos fumamos los puchos en silencio, observando el río. El sol comenzaba a ponerse.

—¡Mirá! —gritó de repente Elvira, señalando hacia un islote a nuestra izquierda—. ¿Lo viste?

Cerca de la orilla vi asomarse una cabecita peluda color café.

—¿Es un carpincho? —pregunté emocionada.

—No, es un lobito de río. —La pequeña nutria desapareció dentro del agua—. Están en peligro de extinción y son muy raros de ver. Tuvimos mucha suerte —dijo Elvira y le dio la última calada a su cigarrillo.

El sol se había puesto casi por completo y empezaba a correr un aire frío.

—Deberíamos regresar —comenté.

—Deberíamos —dijo Elvira otra vez mirando hacia un punto en el río a donde mis ojos no podían llegar.

Benicio

Cruzamos el umbral y la estructura del reactor, por dentro, tenía la apariencia de un anfiteatro. La planta era redonda y en el suelo de cemento había ranuras circulares concéntricas. Tenía paredes como de cuatro metros de alto, pero le faltaba el techo; así que la cúpula del primer reactor parecía abalanzarse sobre el edificio inacabado, como un planeta errante a punto de colapsar contra otro cuerpo celeste.

Hice más fotos mientras el Coyote husmeaba por los alrededores. Parecía que buscara algo en el suelo y en los rincones de la estructura. Pasados unos minutos me decidí, por fin, a hablarle.

—¿Esperamos algo, Cirilo?

Yo no entendía el protocolo que habíamos adoptado desde que entramos en la zona restringida.

—Háblame de tu película —me pidió y yo lo miré desconcertado. Él seguía barriendo el suelo con la vista—. ¿Va a trabajar alguna actriz famosa? A mí me gusta mucho Isabel Santos —comentó casual.

Entonces se me ocurrió que el Coyote me estaba mareando para pedirme más dinero. Seguro que se iba a inventar un contratiempo o que había que sobornar a alguien.

—¿Qué pasa, Cirilo? Háblame claro, asere.

El Coyote dejó de buscar lo que fuera que estaba buscando en el suelo y me miró dubitativo.

—Anselmo me contó de qué iba tu película.

Al oírle decir esto, di por hecho que me pediría más dinero. Era eso. Y su justificación sería que lo que yo intentaba filmar era un poco subversivo y podía meterlo en problemas. La nueva mordida sería un pago anticipado por daños y perjuicios.

—Te he estado observando todo el camino hasta aquí, tratando de evaluar qué clase de persona eres.

—Ya te lo digo yo, Cirilo. Soy una persona que está arrancá. Dime ya en cuánto más me va a salir el paseíto.

El Coyote puso cara de indignación.

—No, pepillo. No te voy a pedir más dinero. —Lo miré desconfiado—. Te dije que llevo por lo menos siete años trayendo gente aquí. Esa gente no viene simplemente a ver las ruinas. Viene buscando algo más y este lugar parece que se lo da. Pensé que tú lo sabías, que habías venido a eso también, pero veo que no.

Guardamos silencio y nos enzarzamos en un duelo de miradas. La cara de decepción del Coyote parecía sincera. Luego de soltar una risa, que era más bien una muletilla que la respuesta ante algo gracioso, dijo:

—Dime, pepillo, ¿no te sentiste diferente cuando entraste a las ruinas? ¿Como con una pesadez en el cuerpo? ¿Como si un imán enorme te estuviera atrayendo desde todas las direcciones? Yo siempre me olí que aquí pasaban cosas ¿entiendes? –No, no estaba entendiendo nada y esperaba que mi cara lo estuviera haciendo explícito–. Me conozco estas ruinas como la palma de mi mano, pepillo, y hay ciertas habitaciones, ciertos espacios que… no son normales.

No me lo vi venir. El discurso del Coyote me parecía una completa locura, pero él me lo estaba diciendo con tanto convencimiento que concluí que la burla era inadmisible. Podía tratarse de un estafador, sin lugar a dudas, pero algo en sus ojos desorbitados, en su ridículo afán de aferrarse a lo anacrónico, que se traducía en la forma en que iba vestido, en su peinado pasado de moda y hasta en la manera en la que hablaba… Algo en todo su ser me estaba suplicando que le creyera Y en ese momento yo era como Mulder de *Expediente X*, quería creer; no sospechaba cuánto lo necesitaba hasta que lo sobrenatural se descubrió como una opción. Sin embargo, el lado racional de mi cerebro lo interpretó de una manera distinta; vio allí una oportunidad tremenda para conseguir una historia mucho mejor que la de mi guion original. Así que ese lado racional me indicó actuar con cautela.

–¿Qué cosas raras pasan aquí? –pregunté haciendo un gran esfuerzo para no tartamudear.

El Coyote esbozó una sonrisa canalla en su cara de perro viejo.

–Primero fueron los sonidos –relató casi en un susurro–. Se oían ruidos metálicos, como de gente trabajando en cosas de construcción. La primera vez pensé que eran los comepiedras, que estaban llevándose las cabillas de alguna pared. Pero no. La siguiente ocasión pude comprobar que cuando entraba a la habitación donde se sentían los ruidos, estos se interrumpían o se empezaban a oír en el espacio contiguo. Llegué a recorrer las ruinas de arriba a abajo solo para constatar que estaban completamente vacías; sin embargo, los sonidos seguían y seguían. Martillos contra metales, planchas muy pesadas siendo arrastradas por el suelo, un murmullo incesante de agua que corre. Después empezaron a aparecer los objetos. Cada vez que venía (y hubo una época en que venía mucho por acá; me tranquilizaba convivir con el pasado y la promesa), me encontraba, como por casualidad, con piezas extrañas; herramientas de trabajo que no podía relacionar con nada conocido, recortes de pancartas y carteles en ruso o español, pedazos de tela (de esas que ya no se fabrican ni se importan en este país) en un estado de conservación imposible. Y ahí empecé a sospechar que este lugar era una zona.

Mientras escuchaba al Coyote relatar esto último, mi mente regresó, por supuesto, a la extraña lámpara en la casa del viejo. La maraña de filamentos en el interior del bulbo. Lo pesada que lucía para ser un objeto tan pequeño. Mi cerebro era un pan enchumbado en leche: no quedaba en él ningún resquicio racional. Solo un miedo primitivo a lo desconocido, que buscaba apaciguarse con cualquier teoría, no importaba lo descabellada que sonara. Recordé la traducción que hizo Google de la inscripción de la lámpara: «Hecho en la Ciudad Nuclear en dos mil veintitrés, el año de la Revolución Marciana».

—¿Qué quieres decir con que esto es una zona? —pregunté ya sin poder disimular el temblor en mi voz.

—En el mundo hay zonas de sensibilidad especial —explicó el Coyote como si toda su vida hubiera esperado para dar ese discurso—. Son lugares en los que se han reportado sucesos extraordinarios e inexplicables. Muchas veces son accidentes geográficos que datan de un tiempo en que ni siquiera había humanos en la Tierra. Montañas, volcanes o cascadas; bosques de secuoyas milenarias, formaciones rocosas únicas en su tipo. Pero también hay otras zonas surgidas después de una intervención humana violenta: territorios devastados por la guerra, minas, monocultivos donde se han empleado sustancias aniquiladoras y lugares envenenados por la radioactividad.

—Pero aquí nunca hubo radioactividad —repliqué.

—No la hubo hasta hace aproximadamente un año. —Sonrió complacido e hizo una pausa como para que en mi cabeza cundiera esa última idea—. Mi hipótesis es que las ruinas ya estaban cargadas… de energía o de lo que sea que hace surgir estos lugares en los distintos puntos del planeta en que se forman. Y cuando empezaron a dejar los desechos radioactivos de los equipos médicos, el velo se descorrió definitivamente.

—¿Crees que esto es un portal? —Me sentía un poco ridículo por preguntar algo como eso con tanta seriedad.

—Creo que es una especie de limbo. Un pliegue en el espacio-tiempo donde vienen a encallar vestigios de una Cuba distinta.

—Una Cuba donde sí se construyó la central. Donde lo que ha prevalecido es la energía atómica y la URSS continuó su carrera espacial hasta llegar a Marte, ¿verdad? –dije sin quitarle los ojos de encima, sin siquiera parpadear, como si el Coyote pudiera atacarme en cualquier momento o, peor, como si pudiera echarse a reír y revelar que todo eso era una broma pesada y yo, de tonto, me la había creído.

En cambio preguntó:

–¿Anselmo te dijo?

–No. Vi la lámpara y sé lo que pone en la inscripción.

El Coyote levantó las cejas en un gesto de entendimiento. Me complació la sorpresa que leí en su cara. Después continuó:

–Esto pudiera parecer magia, pero en realidad es ciencia. –Se agachó en su sitio y comenzó a juguetear con unas piedrecitas–. La mecánica cuántica hace rato definió que, teóricamente, pudiera existir una multiplicidad de mundos superpuestos. Eso es cultura general. La ciencia ficción se ha cebado con este tema por años. Sin embargo, lo que sí hemos podido teorizar y demostrar a través de experimentos es que cada mundo existiría de manera independiente; sin interferir ni provocar variaciones en los otros mundos. –El Coyote sonrió y abrió todavía más los ojos–. Pero entre cada uno de esos mundos hay un espacio, un intersticio diminuto de indeterminación. Y en esos espacios la materia no existe o, más bien, la realidad física no está completamente definida hasta que es observada.

–Eso es lo del gato de Schrödinger, ¿no? –acoté. No quería que el que había sido físico nuclear me fuera a tratar con condescendencia. Para algo, durante el pre, yo había ido a concursos de física a nivel provincial.

—Sí, eso mismo, pepillo. ¡Excelente! —De alguna manera, el Coyote había logrado decir eso sin parecer arrogante—. La cosa es que, en los espacios entre mundos superpuestos, la realidad física solo se define cuando un observador externo interviene. Las ruinas de Juraguá son la caja que contiene al gato. Y nosotros, quienes la abrimos para constatar si ese gato está vivo o muerto. La aparición de objetos de otra realidad es totalmente una consecuencia de nuestra presencia aquí.

—¿Estás diciéndome que esos vestigios de una Cuba atómica y próspera existen porque nosotros los manifestamos? ¿Nosotros creamos esa Cuba a partir del deseo?

—Es una manera de verlo, pepillo. Otra es que esa realidad realmente existe y, ante nuestra presencia como observadores, la materia colapsa hacia un estado en que la podemos interpretar de ese modo.

Nos quedamos en silencio unos instantes, como dejando que todo aquello se asentara en nuestra cabeza. De repente, una frase me vino a la boca:

—Entonces tú serías un *stalker* —dije—. Sacas objetos de la zona y contrabandeas con ellos. ¿Ahora me vas a decir que allá adentro hay algo que concede deseos?

—No, pepillo. Yo también vi la película de Tarkovski y leí *Pícnic extraterrestre*, de los Strugatski… y te puedo decir que no soy un *stalker*; soy un coyote, que es algo menos glamuroso. No hay nada allá adentro que conceda deseos. A la zona le importamos una mierda. Ella simplemente está ahí, como una rendija por la cual asomarse. La conclusión sobre lo que veas a través de esa rendija es cosa tuya. Yo solo te indico dónde está. Esto que te acabo de explicar es solo una conjetura mía.

—Sí, pero haces exactamente lo que haría un *stalker*... —insistí.

Quizás me seducía la idea de estar reproduciendo, en la vida real, la trama más insigne de uno de mis ídolos del cine. Alrededor de la película de Tarkovski había muchísimos mitos; uno de los más tétricos era que durante la larga filmación, en una antigua fábrica química de Tallin, los miembros del equipo se habían contaminado. Años más tarde el propio director, su esposa y uno de los actores de la película enfermarían y morirían de cáncer como resultado de esa contaminación.

—Sí, me he llevado cosas de la zona —dijo el Coyote como si estuviera haciendo una confesión—. Sí, le he canjeado algunas de esas cosas a Anselmo y a otras personas por comida y artículos de primera necesidad. Sin embargo, mi contrabando no me da para enriquecerme; apenas para sobrevivir. El negocio de la nostalgia no es muy lucrativo. Al menos en este país. —Me miró con expresión sombría—. ¿Eso hará que ahora te caiga mejor o peor, pepillo? La verdad es que me interesa bien poco lo que pienses de mí. Esto es lo que decidí o supe hacer con mis circunstancias. Es todo. Sin embargo, fíjate, no interpreto la aparición de esos objetos como premios ni regalos que me hace la zona a mí, por ser especial. No soy tan soberbio. Ya te dije que la zona no tiene autoconciencia ni ningún plan que nos incluya o nos excluya a nosotros. Son simplemente residuos, desbordes de lo que sea que haya en otra parte, que penetran en esta realidad a través de la membrana porosa de la zona. Yo soy quien más visito este lugar; es lógico que tenga más oportunidades de toparme con esos objetos. Y verás: encuentro una relación causal entre la aparición de los objetos extraños y el incremento de desechos radioactivos en las ruinas. Si en un principio eran piezas, retazos, despojos; ahora son objetos completos, como esa lámpara que viste en la casa de Anselmo. No sé si la presencia de los militares se deba a que han descubierto las propiedades de la zona; pero me temo que a esto le queda poco. Entonces, pepillo, mi pregunta es: ¿estás dispuesto a asomarte por la rendija?

Las manos me sudaban, pero respondí con firmeza. Sí, quería ver del otro lado del velo. Cirilo me sonrió como quien encuentra un aliado en medio de un bombardeo y declaró:

—Pues entonces solo queda un paso más.

Se metió la mano en un bolsillo y sacó un pequeño paquete de nylon. Contenía una picadura de algo de un blanco marchito.

—*Psilocybe cubensis* —explicó poniendo el paquete frente a mis ojos.

Yo reculé. Lo miré atónito y solté una risa. Un cubo de agua fría parecía haberme empapado y calado hasta los huesos. Ahora todo tenía sentido. Si el Coyote se metía en la zona hasta arriba de hongos, por supuesto que iba a percibir todas esas rarezas. Estaba alucinando sonidos y texturas. Me sentí más estúpido que si hubiera descubierto que todo se trataba de una broma de mal gusto.

—¿Qué pasa, pepillo? —preguntó el Coyote con una nota de desconcierto en la voz. Me miró a mí y luego a su alijo de hongos, como buscando una relación que justificara mi cambio de actitud. Habría interpretado que mi reacción era a causa de algún pudor por consumir estupefacientes, así que me dijo con sorna–: Pensé que un muchacho instruido como tú debía estar al tanto de los experimentos con microdosificación de hongos que se están haciendo en el mundo. Obviamente, no aquí. Este país no forma parte del mundo. Pero en los lugares donde se hacen investigaciones microbiológicas punteras esto es el pan de cada día. En Cuba se podría, si se pusieran las pilas, porque resulta que este honguito, hermoso y endémico –dijo y sacudió el paquete frente a mi cara–, *Psilocybe cubensis,* puede ser la puerta para mejorar la mente. Y lo estamos desaprovechando. Pero ¡qué se puede esperar de un país donde te pueden echar hasta dos años de prisión por fumar mariguana!

–Sí, contigo todo es muy científico, Cirilo –dije sin poder ocultar mi rabia.

–Ya te dije que soy un hombre de ciencias –replicó.

–Tú lo que eres es un hippy drogadicto que traes aquí a gente demasiado inocente o demasiado ignorante. Les haces tu cuentecito de la mecánica cuántica, los drogas y les sacas dinero –exploté al fin.

El Coyote me miró inexpresivo.

–Ya veo que me equivoqué contigo…

–Sí, te equivocaste de medio a medio conmigo –le respondí todo envalentonado, estirando a todo lo que daba mi guapería habanera.

–La microdosis con psilosibina no provoca efectos alucinógenos, pepillo. Estás hablando mierda. Y esto yo no se lo propongo a todo el mundo. Generalmente solo consumo yo, para tener una percepción más abierta de la realidad dentro de la zona. ¿O te crees que me da negocio estarle regalando hongos a todos mis clientes? –El Coyote jugaba a hacerse el herido, pero yo no caería en su farsa–. Pensé que tú y yo estábamos en el mismo canal. Anselmo me contó de tu película y creí entenderte...

–Tú no sabes nada de mí.

–¡Pensé que habías visto la lámpara! ¡No entiendo este escepticismo ahora!

–¡Ay, por favor! Esa puede ser una lámpara de Temu a la que tú mismo le escribiste esa frase en ruso.

–¿Una lámpara de quién? ¿En serio crees eso?

El Coyote lucía genuinamente ofendido y yo me planteé si no me estaría pasando con la incredulidad. Pero ¿no era esa la reacción más normal frente a lo imposible?

–Perfecto entonces –me dijo–. Haz lo que quieras. Puedes regresar tú solo por donde viniste, porque yo sí voy a entrar.

Entonces se echó en la palma de la mano dos pedacitos resecos del hongo. Me miró con rabia y decepción mientras se los metía en la boca y tragaba. Después caminó hacia la puerta. El hormigueo en los dedos de mis manos me avisó de que estaba cometiendo un error al dejar pasar esa oportunidad. Pensé en Claudia. En una situación así, ella se hubiera arrojado sin pensarlo mucho. Llamé a Cirilo, que ya casi atravesaba el umbral para salir de la estructura sin terminar del segundo reactor, y el Coyote se detuvo, aunque no se volteó a mirarme.

—Espera. Lo voy a hacer —le dije y caminé hasta él.

Ahí sí se dio la vuelta y me miró con dureza. Tuve miedo de que se negara, pero su semblante se fue relajando con el pasar de aquellos segundos larguísimos en que nos miramos con intensidad. Volvió a sacar de su bolsillo el paquetico de nylon y se echó en la mano dos pedacitos de hongo. Me los ofreció.

—¿Cómo sé que esto no es fentanilo? —le dije con una media sonrisa.

—O champiñones —respondió él con sarcasmo.

—Me extrañaría. En este país los champiñones son el triple de caros que el fentanilo.

—Entonces no tienes manera de saberlo. Tienes que confiar en mí.

Tomé los pedacitos de su mano y me los tragué sin masticar.

—Ya estamos listos —dijo y sonrió.

Claudia

Hace días que no escribo una línea. He empezado a sentirme un poco encerrada en este lugar. No tanto por el lugar en sí mismo, por hallarme en esta isla pequeñita rodeada por un río incognoscible y bisbiseante, sino por la gente que tengo alrededor. Ellos sí que me asfixian. Estoy empezando a tener alucinaciones. Cada vez que uno abre la boca, veo salir de ella una bilis negruzca que repta por el suelo y se desplaza hacia mí buscando mi cuello, queriendo penetrar por mis fosas nasales y ahogarme. No asistí a la última lectura colectiva. No los soporto más. Estoy haciendo un gran esfuerzo para no pedirle al señor de los mandados que me lleve con él de regreso a la ciudad. «Sáqueme de aquí, señor. No aguanto más el olor a sándalo, ni las conversaciones profundas, ni la sinestesia que les produce a mis compañeros el sabor a jazmín del té importado, que los transporta a su infancia o al último verano que pasaron en Europa del Este». Pero luego logro tranquilizarme, abro la laptop e intento escribir. Intento transformar en literatura toda esa rabia y ese asco. Y nada. ¿Quién me dijo, en primer lugar, que yo era capaz de escribir literatura?

El único consuelo que he tenido estos días ha sido Elvira. De una manera sutil nos hemos vuelto amigas; o al menos eso me gusta pensar a mí. Creo que ella siempre supo que no soporto a mis compañeros, que me siento más cercana a su idiosincrasia acuática y perspicaz. Por eso tuvo la generosidad de volverse cercana; de romper el mutismo que la posee cuando realiza su trabajo en la casa y dedicarme palabras de complicidad o intercambiar miradas de burla hacia el resto.

Después del día en que vimos al lobito de río, nos hemos juntado casi cada tarde en el límite de la isla a fumar un pucho y tomar mate. He de decir que empiezo a cogerle el gusto al mejunje con sabor a colillas; quizás eso sí que venía escrito en mis genes argentos. Entendí que no se trata del sabor, sino del ritual. El sabor se va haciendo tolerable con el tiempo; el ritual, sin embargo, pasa a ser imprescindible.

No hemos vuelto a encontrarnos con otro habitante del Delta, más allá de pájaros y peces. Sin embargo, mis ojos se mantienen oteando las aguas la mayor parte del tiempo que pasamos allí, cuando no están observando con atención a una Elvira locuaz y desaliñada adrede, que relata pasajes de su vida. Me cuenta, por ejemplo, que forma parte de un grupo de defensores del ecosistema del río que está ocasionándole algunos dolores de cabeza a las constructoras.

Hacía más de quince años que los lugareños estaban dando la batalla contra la gentrificación y los desplazamientos forzosos de la gente de allí. El proyecto de construcción del Colony Park fue decisivo para la organización ciudadana y el enfrentamiento a los poderes de las grandes compañías inmobiliarias. En 2008 se había iniciado la edificación de un proyecto de barrio privado que, significativamente, habían llamado «Colony Park». La empresa constructora compró trescientas hectáreas de tierras fiscales para llevar a cabo esa abominación y comenzó a hostigar a la treintena de familias que vivían allí, para desalojarlas y avanzar con las obras de la infraestructura. Un ceremillal de chalés lujosos en las islas se conectaría a través de un monstruoso puente con el continente. Las transformaciones que un proyecto de esta envergadura supondría para el ecosistema del Delta, me explicaba Elvira, eran violentísimas; todo para crear un paisaje apetecible para las élites urbanas: naturaleza domesticada y ornamental.

Los ciudadanos del Delta se organizaron, llevaron el problema «afuera» y la noticia comenzó a circular. Luego de muchas movilizaciones y visitas a instancias judiciales, en 2009, la Cámara de Apelaciones de San Isidro ratificó el cierre del proyecto. Las familias desplazadas regresaron al territorio y formaron una cooperativa con la que restituyeron trabajos tradicionales de la zona como la pesca, la apicultura, el trabajo con el junco o la ganadería menor.

Con el incidente Colony Park, los isleños comprobaron que sí valía de algo organizarse y se empezaron a formar otras colectividades. Así fue como surgió el FOI, el Foro de Organizaciones Isleñas: un espacio asambleario para discutir y solucionar colectivamente problemas del territorio. Aquí Elvira puso cara de circunstancia y me olí que había una historia jugosa detrás.

Al inicio de su formación, me contó, los del FOI eran muy críticos con la gestión estatal. Se podía decir que su postura era visiblemente anarquista. Sin embargo, con el tiempo se habían ido ablandando. Resultaba que la mayoría de miembros del grupo de Elvira había pertenecido en su comienzo al FOI, pero luego de discrepancias, según ella, insalvables y una serie de guerras intestinas, decidieron separarse y crear Río Abierto.

Elvira siempre sintió una conexión muy fuerte con su hábitat. Fui certera al imaginarla de niña retozando en el río, inventándose mascotas imposibles entre los animales salvajes del lugar. Sin embargo, me dejé ganar por los prejuicios al pensarla una iletrada. En realidad, Elvira es extremadamente culta; una lectora voraz. Si bien tuvo que abandonar su educación al terminar el secundario, más tarde se sacó el bachillerato estudiando por su cuenta y actualmente está cursando Ciencias Medioambientales a distancia. Aunque, en realidad, le hubiera gustado hacer Derecho, para tener herramientas legales y dar un guerra pareja contra las constructoras. Me dice todo esto mientras le da caladas pequeñas a un cigarrillo liado por mí. Es el segundo que lío en la vida y me promete que no está tan mal, que ya iré mejorando.

Pienso todo el tiempo en que me gustaría escribir la historia de Elvira. Pero no me atrevo. Tampoco a contarle que eso es lo que tengo en la cabeza cada vez que se pone a hablarme de su pasado y su presente. Doy por seguro que se enfadará conmigo, que se sentirá usada y traicionada. En cambio, la otra tarde decidí hacerle una confesión distinta, que aunque más extraordinaria, me pareció que ella entendería mejor.

—Elvira, el río me habla.

Le dije así, de sopetón, sin ningún tipo de rodeo y de una forma tan contundente que era imposible hacer una lectura metafórica de mi frase.

Aproveché el momento de silencio en que nos habíamos sumido contemplando una bandada de pájaros atravesar el cielo. Elvira se volteó a mirarme. Me sostuvo la vista por unos instantes, como evaluando qué había querido decir. Para disipar sus dudas, agregué:

—No entiendo qué es lo que dice, pero parece urgente. Cada vez que me quedo a solas y estoy cerca de su orilla, sucede. Es un murmullo que empieza siendo leve y se vuelve ensordecedor. Las aguas se agitan, forman remolinos o amagos de remolinos. ¿Te ha pasado a ti?

Había empezado a suceder hacía unos días. Al principio no le di importancia. Debía de tratarse de la estación y los comportamientos normales de un cuerpo de agua de grandes dimensiones como aquel. Pero que pasara cada vez que estaba sola, y no tuviera testigos para compartir el horror de ver formarse esos remolinos amenazantes, ya era un poco extraño. Le pregunté a Marianela si ella había visto los remolinos y si no pensaba que el río estaba muy ruidoso y revuelto últimamente. Ella me miró atónita, como si le estuviera hablando una persona totalmente fuera de sus cabales. Entonces supe que estaba sola en aquello.

La última vez que había visto formarse un remolino, me encontraba en uno de los portales laterales de la cabaña. Leía un libro de Silvina Ocampo que había tomado de la biblioteca.

El agua comenzó a correr con demasiada furia y me hizo levantar los ojos del libro. Mis pies colgaban en el borde de madera del parqué y el nivel del río subió tanto y tan rápido que pensé que me los mojaría. Me asusté bastante. Reculé como quien huye de una criatura. El murmullo del agua era estentóreo. Su lenguaje líquido contenía palabras que iban dirigidas especialmente a mí, pero yo no sabía interpretarlas.

Miraba con ojos desorbitados cómo las lenguas de agua se curvaban para formar un remolino, cuando apareció Andrea. A la colombiana se le habría ocurrido la misma idea que a mí, pues venía con un libro en la mano a sentarse a leer en el lugar más fresco de la casa a esas horas del día. No más apareció por la esquina del portal, el agua se calmó. Aquello me puso más nerviosa que la propia perspectiva de una crecida intempestiva que inundara el portal. No podía ser causalidad. El río había parado ante la presencia de mi compañera como si las aguas tuvieran libre albedrío.

Andrea me encontró agitada y con una mirada de desconcierto que debió asustarla.

—¿Viste el río? —le pregunté.

—¿Qué tiene? —preguntó ella de vuelta con una sonrisa nerviosa.

—¿No viste el remolino?

Ella negó con la cabeza y se sentó en la misma posición en que yo había estado, pero lo suficientemente alejada de mí y mis locuras. Se afanó en ignorarme, sin embargo, no abrió su libro inmediatamente, sino que se quedó mirando la superficie del agua, como quien espera ser sorprendida por algo. Yo hice lo mismo por un rato. Luego me levanté, le dije «Hasta luego» y me fui a mi habitación, todavía con el corazón latiéndome desbocado.

Después de mi confesión, Elvira me miró por unos segundos y pronunció:

—El río tiene cosas que decirle al que sabe que está dispuesto a escuchar.

El agua se agitó brevemente frente a nosotras. Yo di un salto de puro susto, pero pronto vimos que eran peces. Unos grandes y coloridos que debían ser especies invasoras. Elvira se rio de mi aspaviento y luego me hizo una pregunta:

—¿Te gustaría venir conmigo a una de las reuniones de Río Abierto?

—¿En serio? —contesté sin poder disimular mi emoción.

—Hablé con otros miembros y estuvieron de acuerdo. Y bueno, creo que al río también le caes bien.

Le dio un trago al mate y me lo pasó. Yo sonreí eufórica y me llevé la bombilla metálica a los labios.

La lancha vendría a buscarnos a las doce de la noche. Tendríamos que escabullirnos, pues si alguno de mis compañeros nos delataba a la organización de la residencia literaria yo perdería la beca y Elvira, el trabajo. Y cualquiera de mis compañeros era capaz de una delación así. Por suerte, Marianela se acostaba muy temprano y lo hacía con antifaz de satín y cascos con cancelación del sonido puestos. El primer día había alegado una hipersensibilidad a los ruidos fuertes y me dijo que mis ronquidos no la habían dejado pegar ojo en toda la noche.

A las doce en punto me encontré con Elvira en el portal. Iba vestida con ropa de calle: unos vaqueros holgados azul celeste, una camiseta negra y ceñida con el logo de una banda de rock que yo no pude identificar y el cabello oscuro, grueso y brillante, que siempre llevaba recogido en un moño apretado y coronado por la cofia, ahora estaba suelto y le llegaba casi a la cintura. Por un momento casi no la reconocí cuando la vi al trasluz, pegada a la escalerita que conducía al muelle.

Me saludó con la mano y se llevó un dedo a los labios para indicar que toda la operación la debíamos realizar en completo silencio. La lancha llegó puntual. Quien la manejaba había apagado el motor a cierta distancia de la cabaña y se acercaba remando con ímpetu. Subimos con cuidado, distribuimos nuestro peso equitativamente a lo largo de la embarcación y remamos hasta alejarnos del chalet. Una vez distanciados del peligro, el timonel le dio un beso en los labios a Elvira. Sentí una punzada de celos a la altura de la mandíbula. Luego me saludó a mí, se presentó como Pablo y puso en marcha el motor.

A los quince minutos llegamos a nuestro destino. Lo primero que me llamó la atención de la cabaña en que tendría lugar la reunión fue su proximidad al río. La poca tierra que la separaba del agua parda estaba bastante erosionada y con las raíces de los árboles aledaños expuestas. La cabaña se erigía sobre pilotes, era toda de madera, de una sola planta y con un techo de tejas color terracota a dos aguas. La fachada estaba pintada de blanco hueso con detalles en rojo en las contraventanas.

En el porche, un par de tipos fumaban mirando el río. Al vernos llegar en la lancha, uno de ellos bajó, solícito, a la orilla y nos ayudó a salir de la embarcación. Elvira me presentó de manera rápida y casual: «Es Claudia, una amiga cubana», y caminó con seguridad hacia las escaleras y luego al interior de la cabaña. Yo la seguí un tanto abrumada. La penumbra del interior, el fuerte olor a mariguana que había en el lugar, los crujidos que hacía el piso de madera bajo mis pasos, el calor húmedo e intenso que había a pesar de ser medianoche llenaron mis sentidos hasta desbordarlos.

La asamblea ya había empezado y parecía que desde hacía rato, por lo acalorada que estaba la discusión justo en el momento en que Elvira y yo cruzamos el umbral y entramos a la sala desamueblada en la que se hallaban los miembros de Río Abierto, desperdigados por el suelo o apoyados contra las paredes. Tenía la palabra una mujer rolliza, de unos cincuenta años, aunque era constantemente interrumpida por un muchacho muy joven que parecía estar en desacuerdo con todo lo que planteaba y no podía tragarse las ganas de hacérselo saber. Discutían sobre una huelga, sobre cortes en los tramos navegables del río. La mujer insistía en que debían ir por los canales oficiales y pedir los permisos pertinentes para realizar la manifestación. El joven, por el contrario, aseguraba que la huelga y los subsiguientes cortes debían ser imprevistos para causar un daño real y demostrarle al Gobierno que ellos no se estaban con juegos.

Yo asistía a aquello con una fascinación tremenda. Nunca había estado en una asamblea que no fuera una performance. En Cuba se había desvirtuado el concepto hacía muchísimo tiempo. En las asambleas, los acuerdos se aprobaban por unanimidad, no había confrontación de opiniones y, a ciencia cierta, casi nadie sabía o siquiera le interesaba por qué o por quién estaba votando. La apatía era la regla y, sin embargo, en ese rincón del delta del Paraná, a la medianoche, había una veintena de personas discutiendo acaloradamente cómo hacer la revolución. Me sentí revitalizada y, al mismo tiempo, muy triste por los jóvenes de mi país, que habíamos sido privados de la experiencia formativa de ser rebelde y estar completamente seguros de poder cambiar el mundo. No podía recordar una sola vez en que me hubiera propuesto cambiar el mundo.

La asamblea terminó con una votación. Ganó la opción de gestionar la huelga por los canales oficiales. El muchacho que abogaba por una intervención más radical aceptó la derrota sin muchos aspavientos. La reunión se dispersó y cada uno se puso a conversar en pequeños grupos de tres o cuatro personas. Alguien sacó de una nevera botellones de cerveza Quilmes y vasos plásticos. Me convidaron a uno y acepté con una inclinación de la cabeza. Casi todos los miembros de Río Abierto me miraron con curiosidad, pero con muy buena onda, cuando atravesé la sala y me coloqué en un rincón con mi vasito de plástico lleno de una cerveza que se producía en el pueblo de donde provenía mi familia argentina, la única que tenía. Se acercaron tres a saludarme y preguntaron mi nombre. Uno de ellos era el muchacho que había estado hablando cuando entré. Contesté que me llamaba Claudia y que iba con Elvira, pues supuse que era, en realidad, lo que querían saber. A decir verdad, sus preguntas no partían de la sospecha sino de la más genuina curiosidad. Con las breves frases que les dije lograron adivinar que era cubana, por mi acento, y se pusieron eufóricos cuando se lo confirmé.

Mi público estaba conformado por dos hombres, el que había visto hablar durante la asamblea y otro de aire más taciturno, y una mujer, que debía tener mi edad y no paraba de sonreír. A pesar de la mala iluminación pude notar que sus pieles eran muy morenas y el cabello grueso y oscuro, igual al de Elvira. En ellos reposaba, de una callada manera, la sangre indígena que tanto habían querido aniquilar en la historia de su país. Cuando no lo usaban de forma clasista y peyorativa, en Argentina, a ese fenotipo de persona le solían llamar «negro» o «negra», y eso, en Cuba, nos parecía demencial y, al mismo tiempo, servía para alimentar el mito de que en el país sudamericano no había afrodescendientes. No recuerdo los nombres de aquellos miembros de Río Abierto, pero sí que me parecieron muy hermosos sus perfiles de labios carnosos y narices gruesas. Maldije la mala suerte de que mis ancestros no hubieran sido esa clase de argentinos, sino unos más europeizados e inocuos. Mi embeleso se evaporó cuando el que había hablado durante la asamblea me dijo, a manera de elogio: «Che, ustedes, los cubanos, sí que lo consiguieron».

La frase, al inicio, me descolocó. Después me provocó un malestar difuso, una especie de náusea que no se originaba en el estómago, sino en el pecho. ¿Qué habíamos conseguido? Supuse que hablaba de justicia social e igualdad. De salud y educación públicas, gratuitas y de calidad. De la tierra y los medios de producción para los trabajadores. De hacer una revolución socialista en las mismas narices del imperialismo yanqui y todas esas consignas vacías de sentido que había escuchado desde que tenía uso de razón. Sentí como todo mi cuerpo se tensaba y un nudo me cerraba la garganta.

Al viajar a Argentina me había preparado psicológicamente para esa clase de interacciones. Si algo había hecho bien la Revolución era su labor propagandística y yo sabía perfectamente que no podría derrumbar en una conversación la imagen paradisiaca que tenía de Cuba la mayor parte de la izquierda latinoamericana. Aunque les hablara de las colas y los apagones, del colapso del sistema de salud, de la precariedad de la educación, de la corrupción y la falta de libertades de todo tipo, de la persecución a los periodistas independientes que pretendían hablar de esos asuntos; de cómo el 11 de julio de 2021 el presidente había dicho por televisión: «La calle es de los revolucionarios. La orden de combate está dada» y la policía y los paramilitares habían salido a reprimir a los manifestantes, que era gente hambrienta y exhausta, una mayoría racializada y marginada. No iba a servir de nada que les hablara del éxodo masivo, las caravanas de cubanos que cruzaban Centroamérica para llegar a los Estados Unidos por la llamada «ruta de los volcanes» o de los que se habían quedado varados en zonas de conflicto cuando estalló la guerra de Ucrania porque iban cruzando fronteras, desde Rusia, para llegar a España. Les valdría mierda si les contaba cómo el Gobierno había retrasado el censo poblacional que tocaba hacer desde 2022 para no respaldar con datos estadísticos lo que ya todos sabíamos: que se estaba produciendo el vaciamiento de un país. ¿Cómo decir esas cosas sin que me consideraran una vocera de la mafia de Miami? Si, en definitiva, yo era blanca, no parecía que estuviera hambrienta y estaba allí con un pasaporte argentino en una residencia literaria que se sostenía sobre capital de dudosa procedencia. ¿Qué credibilidad podía tener yo para llamar a lo de Cuba dictadura?

Sin embargo, estaba, en aquel momento, entre anarcosindicalistas. ¿No se suponía que esa gente no creía en el Estado? Quizás sería menos difícil explicarles a ellos lo que estaba pasando en mi país. Quizás no les doliera tanto ver derrumbarse un referente o fueran lo suficientemente empáticos como para fingir condolerse con mi situación, aunque en el fondo siguieran pensando que la culpa era exclusivamente de los Estados Unidos y su intervencionismo y que, en definitiva, en todas partes se pasaba trabajo y el resto de Latinoamérica no era muy distinta a lo que yo estaba describiendo.

No obstante, elegí el camino de la violencia pasivo-agresiva. Sonreí y levanté las cejas. Era casi la una de la mañana y el cansancio empezaba a aposentarse en mi cuerpo y detrás de mis ojos.

—Si te refieres a destruir un país... Sí, lo conseguimos. Lo consiguieron ellos, más bien —dije, y acto seguido me excusé diciendo que tenía que buscar a Elvira.

El tipo se quedó con cara de haber visto a un fantasma. Mientras me alejaba, pude visualizar cómo el recipiente vacío que hasta ese momento había sido yo para él se iba llenado de significados: gusana, facha, cheta, antiabortista, simpatizante de Trump, negacionista del cambio climático, antivacunas...

Encontré a Elvira en el portal, conversando con Pablo y el muchacho que nos había ayudado a bajar del bote, que más tarde se presentó como Diego. Se pasaban un porro. Me acerqué y celebraron mi aparición como si no me hubieran visto en días. Me preguntaron cómo la estaba pasando y me invitaron a fumar con ellos. Le di una calada profunda al porro, tratando de alejar Cuba de mis pensamientos. Cerré los ojos. Mientras el humo recorría mis pulmones, se me apareció otra vez Benicio, repitiendo obstinadamente que no se iría del país, como cuando se te pega una canción después de escucharla en bucle. *Earworms,* le dicen en inglés. Un gusanillo con la voz de Benicio me royó el tímpano: «Eres una cobarde. Eso que estás haciendo se llama huir». Y sí, Benicio, hui porque me sentía asfixiada. ¿Por qué debería avergonzarme? Expulsé el humo por la boca, abrí los ojos y estaba en el Delta. El susurro del río me contaba de una urgencia incomprensible. Benicio y Cuba se encontraban demasiado lejos.

Benicio

El reactor que sí llegaron a terminar estaba rodeado por un muro de concreto. El Coyote caminó a la par de aquella pared descascarada, que mediría tres metros de alto y se veía bastante gruesa, hasta encontrar un resquicio por el que podíamos pasar si nos poníamos de lado. Yo miraba nervioso a derecha e izquierda, aunque la preocupación por que los militares nos descubrieran había sido sustituida por otra más abstracta.

Entramos a la estructura del reactor y fue como si al mundo le hubieran apagado los colores. Adentro todo estaba en escala de grises. Disipamos la oscuridad encendiendo las linternas; yo la del móvil y el Coyote, una de pilas bastante antigua. Caminé pisándole los talones a mi guía, que volvió a ejecutar su danza extraña. Se pegaba, de repente, a una pared o daba dos pasos hacia atrás y se quedaba mirando al vacío por unos segundos antes de continuar andando. Yo tenía los pelos de la nuca erizados y un leve temblor me movió por un momento el labio superior. Di gracias a que la oscuridad disimulara el miedo que sentía.

Nos topamos con unas escaleras y empezamos el ascenso. Mi respiración agitada producía una reverberación en aquellos espacios vacíos y amplios. Los pisos se sucedieron mostrándonos imágenes idénticas: paredes y suelos de concreto gris. En algunos había grandes charcos de un agua blancuzca y con olor a químicos. Todo rezumaba humedad. En el noveno tramo, una bandada de murciélagos sobrevoló nuestras cabezas. Maldije por lo bajo y recordé cómo varios miembros de nuestro grupo de excursionismo se habían contagiado de leptospirosis en una cueva hacía dos veranos. Sopesé si contagiarme de leptospirosis era un precio justo que pagar por aquella aventura descabellada. Para mi propia sorpresa, concluí que sí. El Coyote no parecía inmutarse con nada; ni con los murciélagos, ni con el hecho de que a medida que subíamos iba haciendo más y más frío. No sabía si esto último sería una somatización de mi miedo, pero el cambio de temperatura era demasiado radical y no se correspondía con la altura que íbamos ganando. Parecía que con cada tramo hubiéramos llegado a la cima de una nueva montaña, siempre más gélida.

En el tramo dieciséis sentí que me empezaba a faltar el aire. De niño me dio asma un par de veces y era una sensación muy similar. Aspiraba profundamente por la boca, pero el oxígeno parecía no llegar a los pulmones. Le pedí al Coyote que se detuviera. Me quité la mochila de la espalda y me incliné hacia delante, con las manos sobre las rodillas. Al verme en tal estado, mi guía me tomó por el antebrazo, se echó al hombro mi mochila y me condujo por un pasillo que se alejaba de las escaleras. En mi mano continuaba encendida la linterna del móvil. La apunté al suelo para prevenir tropezarme con algo o meter los pies en un charco de aquel líquido inquietante. Fue en vano. Estaba demasiado aturdido y Cirilo me llevaba a gran velocidad por el pasillo, así que pisé mojado en varias ocasiones. Apreté los dientes y supliqué para que no se tratara de un agua radioactiva. Era ridículo pensar que fuera, pero ya no pensaba con claridad. Posiblemente mi psicosis se debiera a que los hongos empezaban a hacer efecto. Debía de estar en medio del prende. Sin embargo, había una ínfima posibilidad de que todo en aquel lugar estuviera alterado; de que la leyes de la física no funcionaran allí de manera normal, tal y como el Coyote me había advertido.

Al final del pasillo había una luz. Resultó ser una ventana desde la que se veía el mar. Saqué la cabeza y el viento me pegó en la cara. Mis pulmones por fin se llenaron de aire con normalidad. Respiré hondo y exhalé ruidosamente.

Cuando pude recuperar el habla, le señalé a Cirilo una especie de canal que iba de la costa a la estructura del reactor. La ventana quedaba justo sobre él.

—¿Qué es eso? —pregunté para distraer la atención del papelón que yo acababa de hacer.

—Iba a usarse para el enfriamiento del núcleo del reactor —contestó el Coyote después de mirar brevemente por la ventana.

Tomé más aire con agitación.

—A veces pasa, pepillo. No cojas lucha con eso —me dijo en tono tranquilizador. Debía ser evidente lo abochornado que me sentía.

—No había tenido asma desde los trece años... —dije tratando de justificarme, no solo ante Cirilo, sino ante mí mismo.

—No es asma, es la zona. Cada quien reacciona a ella de forma distinta. Y ya nos estamos acercando al punto crítico.

—¿El punto crítico? —pregunté, solo por decir algo.

—Son veintiocho tramos en total, pero los objetos aparecen siempre en el tramo veinticinco. —Me tomó por los hombros y me clavó la mirada—. Quiero que entiendas que no te estás volviendo loco ni lo que estás sintiendo es por los hongos. ¿De acuerdo? Es la zona y, por el contrario, la *psilosibina* te ayuda a mantener la cabeza despejada frente a las perturbaciones.

—Entonces ¿es verdad que hace más frío a medida que subimos?

—Sí, es totalmente cierto. Además, no he podido conseguir los instrumentos de medición adecuados, pero estoy casi seguro de que la presión aquí es menor que a nivel del suelo —me explicó el Coyote—. Quiero decir... mucho menor de lo que debería ser.

Saqué nuevamente la cabeza por la ventana y aspiré una bocanada de aire fresco como si me preparara para una inmersión. El Coyote me devolvió la mochila y caminó de vuelta por el pasillo, en dirección a las escaleras. Yo lo seguí con determinación.

En el tramo siguiente empezaron los ruidos. Cirilo se dio la vuelta y tocó su oreja derecha, pidiéndome que pusiera atención. Los sonidos parecían provenir del piso de arriba. Metales que chocaban entre sí. Picos que cavaban el concreto. Objetos pesados que eran arrastrados por el suelo. Estaba convencido de que al llegar al tramo dieciocho encontraríamos una brigada constructora trabajando con tesón. Aminoré el paso e instintivamente me encogí, como buscando agazaparme en las sombras. El Coyote, al notarlo, me dijo que no me preocupara por eso. No habría nadie en el siguiente nivel. Y así fue. El piso dieciocho estaba igual de vacío y desamparado que los anteriores. Los ruidos ahora provenían del siguiente. Nos quedamos absortos ante aquel vacío imposible. Eran muy fuertes, demasiado como para pretender que no llegaban de ese mismo lugar. Por si me quedaba alguna duda, en el momento en que emprendíamos la subida por el siguiente tramo de escalera, se oyó un estruendo. Algo muy pesado había caído desde una considerable altura. Sentí cómo toda la estructura se estremecía. Del techo se escurrió un polvillo y algunas piedrecitas sueltas. Había gente trabajando en el tramo diecinueve; no podía ser de otra forma. Sin embargo, cuando llegamos al piso, estaba completamente desierto.

Seguimos subiendo tramos siempre con los ruidos de construcción sobre nuestras cabezas. Al llegar al veintitrés un pitido se instaló en mis oído de forma tenue, pero persistente. Alguna expresión de molestia brotó de mis labios, porque el Coyote se dio vuelta para comprobar si estaba bien, así que le hice un gesto de que no se preocupara. Faltaba poco para llegar al punto crítico. En el tramo veinticuatro el corazón me dio un vuelco, como si solo entonces hubiera tenido la epifanía de que estaba a punto de presenciar algo realmente extraordinario.

En las escaleras para acceder al tramo veinticinco de la estructura los sonidos cesaron. No abruptamente, sino con suavidad; como si, sin darnos cuenta, hubiéramos pasado tiempo alejándonos de ellos hasta quedar fuera de su alcance. Hice la prueba de retroceder. Bajé unos escalones y los ruidos se reanudaron otra vez de forma nítida. Tres escalones más arriba, sin embargo, se producía un efecto similar al del final de ciertas canciones, cuyo volumen va bajando hasta el silencio definitivo: un *fade out* en toda regla. Luego de mi pequeño experimento, subí los escalones a la carrera para alcanzar al Coyote, que se había detenido en el umbral que daba acceso al tramo veinticinco.

Antes de mirar qué había en ese espacio, me detuve en la cara de Cirilo, como buscando valor o algún tipo de anclaje a la cordura. Pero en el rostro del Coyote había de todo menos serenidad. Su expresión recordaba a los cuadros del Renacimiento que mostraban la adoración a Cristo por parte de alguno de sus discípulos. Los que mostraban, justamente, el pasaje de su resurrección. Las pintas anacrónicas de Cirilo, más sus facciones huesudas y demacradas, ayudaban a que pareciera un personaje de la Galilea del siglo I de nuestra era. Parado en el umbral, sus ojos estaban completamente desorbitados y acuosos, la boca semiabierta, las cejas levantadas en un arco imposible. Su expresión era la contención de un grito, la postergación de un sollozo, el terror ante lo inadmisible.

Volteé con lentitud mi cabeza y apunté la linterna del móvil hacia el espacio que se abría ante mí. Sin embargo, no estaba oscuro del todo. Además de los ventanucos del final había agujeros en las paredes y en el techo por los que penetraban haces de luz de grosor irregular, que permitían percibir las formas de los objetos de la habitación. Pues había objetos allí; no estaba desierta como las anteriores.

El Coyote dio pasos vacilantes hasta acercarse al primer bulto y yo lo seguí. La luz amarilla de su linterna iluminó lo que parecía ser un guante robótico. Primero lo movió con el pie. Estaba hecho de algún tipo de tela muy resistente y en el lugar de las huellas dactilares tenía censores metálicos. Lucía deteriorado y estaba muy sucio; pero aun así se apreciaba que su tecnología era puntera. El Coyote lo agarró con su mano libre y le dio la vuelta. En el reverso había una pantalla. Cirilo metió la mano dentro del guante y movió los dedos con dificultad. Al rato se lo quitó e hizo el gesto de ofrecérmelo. Yo lo cogí con un poco de miedo. Dudé, pero terminé por meter la mano derecha en su interior. Adentro era muy mullido, Debía ser bastante incómodo manipular con él cosas que no fueran muy grandes. Busqué si tenía alguna inscripción y encontré una etiqueta en su interior escrita en alfabeto cirílico.

Mientras yo inspeccionaba el guante, el Coyote había avanzado hasta el siguiente bulto. Era un cartel y parecía de gran tamaño. El material del que estaba hecho se deshacía solo de tocarlo y se encontraba doblado de tal manera que hasta que lo extendimos por completo y con mucho cuidado, no pudimos adivinar qué ponía. Cuando terminamos la operación y el cartel estuvo desplegado sobre el suelo, leímos: «Zo_a Co_t_minada – Expo_ _ción Mortal». Abajo de todo, el trefoil radioactivo, símbolo universal que indicaba la presencia de radiación ionizante. El Coyote reculó.

—Aquí pasó algo… —dijo con un hilo de voz.

Al retroceder de esa manera abrupta, casi tropezó con otro objeto y perdió el equilibrio por un momento. Ese bulto era mucho más grande. Parecía un animal echado o una persona desmayada en aquella oscuridad confusa. Lo iluminé con mi linterna y vi que se trataba de un traje. De lo aparatoso que era, me recordó al de los cosmonautas o a aquellas escafandras antiguas que usaron los primeros buzos. Le faltaba el casco, pero el resto estaba intacto. El Coyote lo observó de cerca:

—Plomo reforzado con polímeros —declaró—. Este sistema de movilidad para las articulaciones solo lo he visto en películas de ciencia ficción.

Parecía fascinado por el hallazgo, movía las mangas pesadísimas del traje de un lado a otro y las partes metálicas, al chocar contra el suelo, producían un tintineo hipnótico. Habría jurado que en cualquier momento el Coyote iba a probarse el traje. Introduciría su cuerpo desencavado en el armatoste hasta dejarse devorar por el exoesqueleto. Parecía haberse olvidado de que yo estaba también en la habitación.

Pero, aunque mis ojos se mantuvieran fijos en él y lo que estaba haciendo, en realidad yo andaba ocupado en otro pensamiento; uno que me oprimía el pecho y me mantenía anclado en el lugar. No lograría moverme de allí aunque quisiera. En mi cabeza se sucedían las ideas con una rapidez solo justificable por el efecto de la psilocibina.

Los objetos que habían quedado varados hasta ese momento en la zona, reflexioné, pertenecía a una realidad alternativa próspera. Una Cuba que parecía formar parte de un mundo dominado por la energía atómica; limpio y seguro. Una línea histórica donde el 2023 era el año de la colonización marciana y nuestro país, aún satélite caribeño de la URSS, seguramente formaba parte de esa gran épica. No era descabellado imaginar, en ese escenario, a los sucesores de Arnaldo Tamayo, el cosmonauta cubano, pisando tierra marciana con trajes espaciales construidos en Cienfuegos y Leningrado.

Sin embargo, esos nuevos objetos hablaban de un hito preocupante en esa otra realidad –o realidades– donde sí se construyó la central nuclear. El Coyote lo sabía y ahora jugaba a perder el tiempo con el traje de protección radioactiva; pero allí mismo, solo que en una línea temporal diferente, había ocurrido un accidente nuclear. Si eso era cierto y los objetos que teníamos ante nosotros eran vestigios de esa catástrofe, había altas probabilidades de que estuviéramos condenados.

–Cirilo… tenemos que irnos de aquí –alcancé a pronunciar.

El Coyote se volteó a mirarme. A pesar de que la luz de mi linterna debía encandilarlo, me sostuvo la mirada.

–Pepillo… lo siento mucho. Creo que ya sabes que es demasiado tarde –me dijo con la voz cascada. Luego se puso de pie y se separó del traje como si le quemara de repente.

El corazón me dio un vuelco y el pitido en mis oídos cesó de golpe. Lo vi con dolorosa claridad: todo había sido una gran irresponsabilidad de parte nuestra, especialmente de parte de

Cirilo. Muy a pesar de su título de físico nuclear, del que ya yo dudaba enteramente, no había sido capaz de prever que todos esos objetos estuvieran contaminados. Que incluso las lámparas impolutas y el resto de regalitos inofensivos que sacaba de la zona eran una bomba de relojería.

Quizás el Coyote, inconscientemente, buscara un final así para él. Era la manera romántica y retorcida de incluirse en una épica que su propia línea temporal lo privó de vivir. En su insistencia con eso de que sabía de qué trataba mi película, tal vez quería decirme que había descifrado que yo también estaba dispuesto a embarcarme en una misión suicida; que yo también estaba buscando una muerte que me redimiera y justificara mi existencia en una línea temporal fracasada y totalmente desechable. ¿Cómo se había atrevido a tomar esa decisión por mí?

O quizás el Coyote era, simplemente, un charlatán y un idiota que no había medido las consecuencias de sus actos; fascinado, como estaba, por la zona. Y yo... Yo ahí no pintaba nada. Él no había buscado a propósito un compañero para la muerte; fue puro azar que ese compañero fuera yo.

Pero había una última posibilidad. Que todo fuera culpa mía. Quizás la zona había contenido objetos totalmente inofensivos hasta ese momento. A fin de cuentas, Cirilo, Anselmo y quién sabe cuántos más en la Ciudad Nuclear habían estado interactuando con los regalitos sacados de la zona sin ninguna repercusión negativa para su salud. Tal vez se había vuelto mortal solo gracias a mi presencia allí. Si había logrado entender las conjeturas del Coyote sobre qué era la zona, en los espacios de indeterminación entre mundos superpuestos, la realidad no existe hasta que un observador aparece y la observa. Si la lámpara de Anselmo, el guante robótico y el traje antiradiación tomaron forma en la zona fue porque los observadores así lo manifestaron. Cirilo y los que se hubieran internado con él en las ruinas fueron allí deseando encontrar una confirmación de que pudo existir una Cuba mejor. Entonces, al llegar yo al lugar creé la realidad de una Cuba a partir de mi propio deseo…, a partir de mi egoísta y autodestructivo deseo. He sido yo mismo el que manifestó el desastre nuclear, el fracaso y la muerte en ese otro mundo. Proyecté la trama de una tragedia porque otra cosa no me enseñaron a imaginar la experiencia y el cinismo.

No sé cuánto tiempo pasó luego de que el Coyote hablara, luego de que pronunciara esa ridícula disculpa con la que no podía hacer otra cosa que limpiarme el culo. Eché a correr en dirección a la salida y, sin querer, le di una patada a otro de los objetos. El golpe lo propulsó hacia delante y cayó justo frente a mí, en el sitio exacto donde incidía uno de los haces de luz que se colaban por el techo. Reconocí, aterrorizado, que aquello con lo que había tropezado era una extremidad humana; un brazo quemado del que todavía era posible distinguir algunos dedos y un aparato de medición prendido a lo que quedaba de la muñeca. Me detuve en seco y se me escapó un grito. Cirilo corrió hasta donde yo estaba.

—¡Es un brazo! —chillé como si el Coyote no lo estuviera viendo con sus propios ojos.

Cirilo balbuceó algo. Como que hasta ahora jamás había encontrado en la zona material biológico, solo objetos perdurables en el tiempo. Que aquello era imposible y quizás tuviera que ver con los militares. Pero yo, en medio de mi propia histeria, lo vi todo con incuestionable claridad. Si la acumulación de radioactividad había sido lo que había vuelto porosa la división entre un línea temporal y otra, entre esos universos superpuestos, un desastre nuclear podía erosionar aún más esa membrana y hacer penetrar materiales más efímeros de un mundo a otro. Los efectos de la catástrofe en aquel mundo atómico podían llegar hasta este.

—¿Adónde me trajiste, singao? —Empujé a Cirilo con una rabia desconocida y él cayó al suelo y se quedó allí, sollozando y sin intenciones de volver a ponerse de pie.

Corrí hacia el hueco de las escaleras. Me dio tiempo a escuchar al Coyote lanzar un aullido de dolor. No volteé a mirar. Me quité la mochila de la espalda y me precipité escaleras abajo. Quería salir de esa pesadilla lo antes posible. Regresar a una vida donde mis mayores preocupaciones eran conseguir comida, esquivar las conversaciones incómodas de por qué perseveraba en quedarme en el país y olvidarme de Claudia. A medida que bajaba, los sonidos regresaron con una fuerza mayor. Ahora no eran simples ruidos de construcción, sino que algunos semejaban explosiones e incluso gritos. Me tapé los oídos con las manos y continué bajando. Estaba muerto de miedo y me había olvidado de contar los tramos, así que no podía calcular cuánto me faltaba.

Tropecé y rodé escaleras abajo hasta el siguiente descansillo. Los bordes filosos de los escalones me rasguñaron el cuerpo. Mi frente chocó contra uno de esos bordes y se me abrió un tajo encima del ojo derecho del que salió sangre a borbotones. El pitillo en los oídos regresó. Traté de detener la sangre con una mano y continué bajando escalones adolorido.

Las escaleras terminaron abruptamente en una habitación donde había un ventanal que me recordó que fuera aún existía el sol. Frente al ventanal, un umbral sin puerta. Cuando lo atravesé, descubrí que había salido de una trampa para ingresar en un laberinto.

Claudia

Al día siguiente estaba hecha mierda, «hecha bosta», dicen acá. No entendía el porqué, pues no tomé más cerveza. Me limité a la mariguana, previendo justamente no levantarme con resaca. Creo que el malestar se debía más bien al cansancio acumulado. Regresamos pasadas las cinco de la mañana. Pablo nos dejó en el muellecito de la cabaña sin hacer el menor ruido. Entré en mi cuarto sigilosamente. Mi compañera roncaba con la boca abierta, pero con los ojos y orejas tapados. Me metí bajo las sábanas y me dispuse a dormir, pero estaba demasiado estimulada mentalmente.

En lugar de perderme en mi propio inconsciente hasta adormecerme, mi cabeza decidió reproducir parte de las conversaciones que había mantenido con los de Río Abierto. En la vigilia y todavía obnubilada por la mariguana, me era imposible discernir qué cosas se habían dicho y qué otras me estaba inventando yo, en una especie de *esprit de l'escalier*, donde el espíritu que me soplaba mejores respuestas –o quizás mejores preguntas– no tenía la más remota intención de descansar o dejarme a mí hacerlo.

No recordaba cómo había sido introducido el tema. Posiblemente Elvira lo sacara a bocajarro, porque ella era muy de decir las cosas así. «El río le habló a Claudia». De lo que sí me acuerdo es del silencio denso que se creó después. Pablo y Diego me miraron, expectantes, como si yo, de repente, fuera a subirme una manga de la blusa para mostrar alguna cicatriz que probara la realidad de mi encuentro cercano.

En lugar de eso, les conté del murmullo y los remolinos, de cómo percibía que el río actuaba de formas extrañas en los momentos en que nos hallábamos a solas él y yo. Como si quisiera comunicarme algo. Parecía querer demostrarme que había en él agencia y sentido.

Pablo acabó de un trago lo que le quedaba de cerveza y habló:

–Es raro que esto le pase a alguien de fuera del Delta... pero sí, hace algún tiempo nos dimos cuenta.

¿De qué se dieron cuenta, hijos de re-mil-putas? Quería que me hablaran con claridad, que pronunciaran frases más descabelladas que las que yo me había estado diciendo a mí misma. Necesitaba que los locos fueran ellos, descartar sus hipótesis y regresar a la cabaña con la mente despejada y una historia mediocre que escribir para justificar mi paso por aquella residencia espantosa.

–Creemos que el río ha desarrollado autoconciencia –dijo Diego, y yo respiré aliviada–. Fue difícil llegar a esta conclusión sin parecer unos locos o unos hippies de mierda, pero las pruebas están ahí. Nos dimos cuenta de que el río cambia de temperatura o de color respondiendo a sus «estados de ánimo».

Arde como si se tratara de aguas termales los días en que comienzan a llegar los bulldozer a limpiar alguna de las islitas o se vuelven gélidas como glaciares en los momentos de crisis e incertidumbre en que alguno de los activistas es detenido por la policía y todos en el Delta quedamos esperando una resolución. Verde claro para los días tranquilos y soleados, los días en que al río parece gustarle ser río que corre por el sur y empapa humedales y ciénagas; pardo tostado para cuando no pasa nada y el Paraná se aburre de ser solo una gran masa de agua o color de león, como dijo una vez Borges sobre su hermano, el Río de la Plata, para esos momentos en que se desata una tormenta y el río crece y ruge y se sacude, como si quisiera tragárselo todo. De igual forma, los momentos de crecidas y sequías han dejado de corresponderse con las estaciones…

—Pasa que el Diego es poeta, ¿viste? —se disculpó Elvira—. Pero te prometo que nada de lo que está diciendo es verso.

—A ver… —los interrumpí—, eso que describe el Diego, en realidad, está pasando en todos lados. ¡Es el cambio climático, amigo! —empecé con mi contraofensiva de descreimiento y sarcasmo, porque aunque sus conjeturas confirmaran que mi mente no estaba patinando, que no había debutado con una esquizofrenia, y lo experimentado por mí era algo compartido con otros, en el fondo no estaba preparada para que el velo de la realidad se levantara y debajo no hubiera nada sólido a lo que agarrarse; no estaba dispuesta a descubrir mi propia incapacidad para hacer frente a lo desconocido.

—Por supuesto —intervino Elvira de vuelta, a la que se notaba fastidiada por mi tono mordaz—, el problema es que acá el cambio climático no es una consecuencia, sino una causa. Escuchá lo que te dice Diego, che.

Yo sonreí y me disculpé. Diego continuó:

—Obvio que estos comportamientos del río se pueden justificar por el cambio climático y por cómo las constructoras han violentado el ecosistema del Delta, pero empezaron a darse casos más extraños e inexplicables. Accidentes en las obras para gentrificar el río. Gente que caía de pronto al agua y se ahogaba de maneras muy tontas. Tanto que las autoridades pensaron que nosotros teníamos algo que ver. ¡Escuchame, Claudia, hay gente ahora mismo en la cárcel acusada de asesinato a cuenta de esos accidentes extraños! Gente del Delta. Sindicalistas y activistas ambientales. O tipos de a pie que, por ahí vivían cerca de donde se iban a construir los nuevos chalés y resultaron sospechosos para las autoridades.

—Eso es horrible —dije un tanto inexpresiva—, pero no es suficiente para probar la autoconciencia del río. Esas son palabras mayores.

—Ya. Pero luego comenzaron las interferencias electromagnéticas —dijo Pablo, que no quería dejar de aportar su granito de arena—. ¿No te fijaste en cómo la conexión aquí es una mierda? No funcionan ni las radios. Y eso no era así cuando éramos chicos.

—Pensé que lo habías sentido —me reprochó Elvira. Era evidente que la había ofendido con mi exagerada incredulidad—. ¿Cómo puedes ser tan terca después de que el río te hablara directamente? Eso le ha pasado a muy poca gente y todos han sido isleños.

—Perdóname, Elvira —le dije—. La verdad es que esto me da un poco de miedo. Si me puse pesada es simplemente un mecanismo de defensa. Sí, creo que el río está actuando de una manera extraña y hay en su actuar cierta urgencia que no acabo de entender. —Tal vez dije esto o solo lo imaginé una vez acostada en mi cama.

En todo caso, Diego continuó:

—Los remolinos no son lo más extraño. Hay gente que ha caído al río o deliberadamente se ha metido en él y… dice haber experimentado recuerdos que no son suyos. Cosas que pasaron en el Delta en otros tiempos. Antes de su nacimiento, incluso. Como si el río fuera un enorme disco duro que ha estado almacenando la experiencia de sus habitantes, humanos y no humanos.

Acto seguido Elvira se acercó a mi cara y puso sus manos en mis cachetes. Sentí el aroma dulzón del fernet con cola que había bebido en algún momento de la noche. Me pregunté si sus labios estarían igual de dulces.

—A mí me pasó —me dijo. Vi sus ojos, enrojecidos y achinados por la mariguana, ponerse grandes de repente.

—Te creo —le contesté y juro que de verdad le creí.

—Mirá, Claudia, esto lo hemos pensado muchísimo y entiendo que sientas miedo ante lo desconocido, y más cuando eso desconocido parece inexplicable; pero explicaciones para que algo así suceda, las hay —dijo Pablo preparándose para sacar la artillería pesada—. Podría tratarse, por ejemplo, del desarrollo de una inteligencia basada en microorganismos simbióticos. Los millones de organismos que componen el ecosistema del río pudieron haber estado intercambiando información a través de impulsos eléctricos por siglos. Hasta crear una red de microbios que actúan como neuronas líquidas y formar una inteligencia que se encuentra distribuida a lo largo del Delta y que posee un instinto de protección mucho más desarrollado.

Me quedé atónita con el discurso de Pablo y, la verdad, me tranquilizó un poco. La ciencia podía explicar que el río me hubiera estado acosando.

–Claro que, igualmente, podría tratarse de algo más bizarro –intervino Diego haciéndose el canchero–. Perfectamente podría ser que un espíritu antiguo se quedara atrapado en el cauce del río. Un dios o un alma de una civilización perdida...

–O una conciencia extraterrestre –agregué igual de festiva.

–A ver, no desvirtúen –nos regañó Elvira–. Se sabe que el agua recuerda sustancias con las que ha estado en contacto y altera su composición química de acuerdo con ello. Quizás el río esté funcionando, gracias a todos los químicos que se han vertido en él en los últimos tiempos, como una especie de líquido de revelado fotográfico que captura las experiencias de quienes hemos pasado por él. El agua tiene memoria...

–¿En serio, Elvira? ¿Tu hipótesis científica es la misma que la de la homeopatía y las flores de Bach? –dije, permitiéndome burlarme de mi amiga.

–No boludees, Claudia... Estoy hablando de química orgánica y estructuras supramoleculares transitorias. No es imposible que, dadas unas condiciones especiales, el agua establezca alianzas más duraderas con otras sustancias con las que estuvo en contacto.

–Escuchamos pero no juzgamos... –bromeó Diego y todos nos echamos a reír.

–Bueno, mi hipótesis favorita –dijo Pablo– es la de que el río se convirtió en un computador cuántico.

–¡Anjá! –exclamé con el histrionismo a mil. La mariguana había hecho su trabajo y estaba totalmente relajada. Me sentía muy a gusto en esa conversación y el fantasma de la locura se había alejado de mi horizonte de cognoscibilidad, al menos por el momento.

–Con la intervención de las constructoras –dijo Pablo después de darle la última calada a un porro–, en el lecho del río se han ido depositando, durante años, un montón de minerales que no estaban presentes en este ecosistema. El cuarzo y el sílice se utilizan muchísimo en la construcción de viviendas de hormigón y cemento. Se suelen mezclar con otros materiales para conseguir aleaciones más resistentes o acabados más elegantes, como los de los chalés que tanto les gustan a los chetos que compran propiedades aquí. El cuarzo y el sílice se utilizan también en la industria de las telecomunicaciones. Fibras ópticas, microchips, componentes electrónicos de todo tipo están hechos de esos materiales, porque son muy eficientes para la trasmisión de la luz y tremendamente estables. –Pablo tragó saliva antes de continuar. La sonrisa de loco en su cara delataba cuánto le apasionaba el tema–. Qué tal si el río tuviera capas de cuarzo traslúcido intercaladas con sílice y estuviera actuando como un medio de procesamiento fotónico, donde las señales de luz y las vibraciones del agua modularían la información. Estas señales podrían formar un sistema de almacenamiento y trasmisión de esa información similar al de una red neuronal rudimentaria.

—¿Estás diciendo que el río puede haberse convertido en una Inteligencia Artificial? —pregunté sin disimular mi entusiasmo.

—Estoy diciendo que científicamente tal cosa es posible y, encima, explicaría sus comportamientos extraños. Pensalo un momento, che. Que los celulares funcionen aquí como el orto puede deberse a que, al entrar en contacto con la red de sílice y cuarzo, comienzan a funcionar como una neurona más de ese conjunto.

—¡*Pal* carajo! —se me escapó—. Entonces esta IA ha estado tratando de «limpiar el río»...

—Según el ingeniero, es la mejor hipótesis que tenemos —zanjó Elvira.

—Ya veo... El río como un computador cuántico que imparte justicia asesinando trabajadores de las constructoras.

—Ya está queriendo escribir una novela, chicos. ¡Ojo! —gritó Elvira—. ¡Malditos escritores chupasangres!

—Una IA de este tipo carecería de conceptos morales como el repudio al asesinato —intervino Diego—. Actuaría con un mero instinto de protección, así que sería natural que se defendiera de los que están matando su biodiversidad o alterando el flujo natural de las cosas. La naturaleza siempre tiende a la homeostasis. Y esta Inteligencia Artificial, a diferencia del ChatGPT y los otros engendros, forma parte de la naturaleza. ¡Es naturaleza!

—Lo de que el ChatGPT no forme parte de la naturaleza es discutible —dije—, pero es debate para otro momento. Ahora me perturba más cómo hace el río para discernir las intenciones de las personas. ¿Por qué no arrasa simplemente con todo? ¿Por qué me eligió para hablarme si no soy isleña siquiera?

—Eres otro tipo de isleña —replicó Elvira.

—Esas preguntas no se me ocurre cómo responderlas, Claudia —continuó Pablo—. Tienen que ver con el temperamento del río y eso es algo que no logramos entender del todo aún, a pesar de lo que diga el poeta de los colores y la temperatura del agua. La cosa con las Inteligencias Artificiales es que continúan su evolución a una velocidad muy grande y de maneras que los humanos no vamos a ser capaces de predecir o, incluso, entender. ¿Qué sucederá cuando nuestro río se encuentre con otras inteligencias similares? Porque es plausible que existan otras inteligencias similares; otras naturalezas alteradas y devastadas por el hombre que quizás no diferencian entre buenos y malos, y considere a los humanos, en su conjunto, como un enemigo que destruir. ¿Qué pasará con nuestro río cuando se encuentre con las IAs nacidas en el ciberespacio?

Quizás ya estaba pasando y esa era la urgencia que el río intentaba comunicarnos. Estuvimos mucho más tiempo hablando. Serían cerca de las cinco de la mañana cuando Pablo recomendó que era mejor que regresáramos a nuestra cabaña. Nos despedimos de Diego y partimos en el botecito. Todavía estaba muy oscuro y las luces de nuestra embarcación apenas alcanzaban a diseminar la negrura del agua. Lo natural hubiera sido que estuviera muerta de miedo ante aquel abismo líquido. Sin embargo, una extraña complicidad, nacida del entendimiento o del intento de comprender qué ocurría en ese páramo acuático, me hermanaba con las aguas misteriosas y me hacía sentirme protegida; protegida como otra más de las criaturas bajo la tutela del Delta despierto.

Me levanté al mediodía. En lo primero que pensé fue en Elvira. Vi, aún con los ojos cerrados, su cabello negrísimo siendo azotado por el viento. Después me incorporé con un sobresalto de angustia y culpabilidad. Yo había podido descansar, pero ella, a lo sumo, habría dado un pestañazo antes de tener que incorporarse a su jornada laboral. La buscaría para darle ánimos y ofrecerle un café.

Cuando estuve arreglada –había una regla estricta sobre no andar en pijama por los espacios comunes de la cabaña–, fui en su búsqueda, pero Lucas me encontró primero.

Mi compañero me saludó cordial y declaró que había estado esperando a que me despertara para hablarme. Lo miré intrigada y dejé que me condujera hasta el salón de los cojines en el suelo –la seudo biblioteca– que, en ese momento, estaba vacío porque quienes practicaban yoga en él se levantaban temprano a hacer el saludo al sol; no como yo que, dormía la mañana y parte del mediodía como si hubiera ido allí de vacaciones y no a trabajar. Todo eso leí en la actitud severa de Lucas. Lo que no entendía era su complejo de jefe de destacamento. ¿Qué le importaba a él si no estaba escribiendo o la hora a la que me levantara?

Entramos al salón y Lucas cerró la puerta. Me hizo una señal para que me sentara sobre un cojín. ¿Qué quería este exactamente?, me pregunté intrigada. No me había dado tiempo a desayunar y hacía demasiadas horas que había comido por última vez. Tenía el estómago encharcado, como decían los viejos de mi país. Era inhumano que mi compañero me estuviera pidiendo hablar sin antes haber tomado un mísero café. No me preocupé por simular interés. Lo miré con mi cara demacrada y le pregunté en qué podía ayudarlo.

–En realidad, esa es exactamente mi pregunta, Claudia. ¿Necesitas ayuda? –me dijo con el semblante severo, pero poniendo ojos de cordero degollado detrás de sus gafas de pasta.

Le respondí que no entendía qué estaba queriendo decir con su pregunta y que lo único que necesitaba en ese momento era un café o un mate. Había pasado la noche con insomnio. Lucas fingió no darse por enterado de mi urgencia por echarme algo en el estómago y continuó con un discurso que a mí me pareció ensayado. Sospeché que aquello –palabra de más, palabra de menos– ya había sido empleado por él como algún tipo de estrategia de seducción. Lucas tenía todo el talante de ir por la vida haciéndose el aliado, pero, al mismo tiempo, mirar a escondidas videos de gurús de la seducción y criptobros.

Me dijo que había notado que no asistí a la última lectura colectiva y que le sabía mal que yo me estuviera sintiendo marginada entre el grupo de residentes. Creía que todos habían sido muy duros conmigo en los comentarios a mis textos; que eso no estaba bien, pues había personas de una gran sensibilidad que, al ser emplazadas frente a sus errores, se lo tomaban de una manera demasiado personal y esto les provocaba un bloqueo de escritor. «O de escritora», agregó para que no se pusiera en duda su postura feminista. Yo no daba crédito.

Lucas podía ofrecerme –si yo estaba interesada– un *feedback* más delicado y útil a mis escritos. Luego me contó la historia de cómo de adolescente le había dado a leer sus primeros poemas a su padre –según él, un escritor muy reconocido en los círculos intelectuales bonaerenses–, el cual, sin ningún tipo de tacto, los había destrozado. Era muy importante saber escoger a quién darle a leer las cosas. Compartir un texto era un acto de suma intimidad que no todo el mundo merecía o sabía cómo manejar, dijo y sentí sus ojos, de un azul glacial, recorrer mi cuerpo con lascivia. El remate de la historia era el *non plus utra* del patetismo: él había perseverado y ahora tenía un libro de poemas a punto de publicarse… en una editorial que no me podía revelar aún. Pero lo importante, la moraleja del cuento, era que él se había sobrepuesto a las críticas y había triunfado. ¿Qué le hacía pensar que me importaba una mierda su historia de superación? Me daba tanta rabia que un sujeto como él me viniera a aleccionar que juro que sentí náuseas y, por una fracción de segundo, tuve el grave impulso darle una cachetada. En su lugar, le di las gracias y me levanté del cojín para largarme de allí, lejos del olor a incienso y de aquella absurda conversación.

Lucas se levantó también, como un resorte, y se interpuso entre mí y la puerta con una rapidez alarmante. Por primera vez noté su altura y corpulencia de jugador de rugby aficionado, y me supe atrapada.

—Te vi regresar en la madrugada —dijo con un tono desafiante.

Yo di un paso atrás y me quedé mirándolo, a la espera de ver hacia dónde derivaría esa declaración.

—Sabes que está prohibido irse de fiesta y mucho menos consumir alcohol. Si se enteran los directores de la residencia...

—¿Acaso tú les vas a contar?

Él soltó una risa cínica.

—No te entiendo, Claudia. Venís a una de las residencias literarias más importantes del país y en lugar de hacer amigos entre la gente que podría después ayudarte a integrarte acá, vas y te juntás con la empleada de la limpieza. —Lucas dio un paso hacia mí—. Eres un verdadero misterio...

Extendió su mano, tomó un mechón de mis cabellos y lo colocó detrás de mi hombro en un amago de caricia. Sentí la proximidad de su cuerpo como una amenaza.

—¡Vete a la mierda! —le grité y le di un empujón para quitarlo de en medio.

Conseguí abrir la puerta y escabullirme del salón de los cojines. Corrí hasta una de las terrazas laterales, la misma donde había estado leyendo hacía unos días cuando el río se puso raro. Estaba vacía. ¿Dónde estarían todos? ¿Habrían oído mi grito? Temí que Lucas me persiguiera hasta allí y no tener por dónde escapar. El cuerpo entero me temblaba y el corazón me latía a mil. Me desmoroné sobre el suelo de tablones de madera, caí de rodillas y me puse a llorar sin control.

Extrañaba mi casa, a mi madre. Extrañaba a Benicio. Tenía tantas ganas de que me abrazaran... No quería regresar pero, al mismo tiempo, lo extrañaba todo. Por sobre mi llanto oí avivarse el murmullo del río. Con los ojos empañados por las lágrimas fui capaz de ver formarse un remolino justo frente a mí. El agua tenía ese color verde claro que tanto me gustaba y que, según la hipótesis de Diego, quería decir que el río estaba feliz.

Gateé hasta la escalerilla que desembocaba en el agua misma. La primera vez que estuve en esa terraza me pregunté para qué estaba puesta allí una escalera si no era para lanzarse al río. A cuatro patas saqué la cabeza y miré el agua fijamente. Estaba brava. El remolino había hecho subir el nivel y si estiraba la mano podría tocar la superficie. «¿Qué quieres de mí?», le pregunté en un susurro al río.

Entre el encaje de espuma que formaba el remolino, vi asomarse la cabeza triangular de una yarayá. Me despegué de la superficie con un grito contenido. El agua se empezó a calmar de repente hasta quedar totalmente inmóvil. Su nivel descendió de súbito. Me volví a acercar a su superficie y busqué la serpiente hasta que los ojos me dolieron de no parpadear. Había desaparecido.

Entonces, sin comprender el porqué de mis actos –o comprendiéndolos muy profundamente–, como si una entidad externa tomara, por un momento, el control sobre mí; como si el río reclamara la potestad sobre mi cuerpo para volverlo un receptor más en la inmensa red neuronal que él era, coloqué los pies en el primer escaño de la escalerilla y salté al agua.

Segunda parte

El laberinto

Si tuviera una pastilla de yodo, Claudia, una simple pastillita de yodo para masticarla como mastico la que es para la acidez que me manda Xiomara de España... Si estuviera masticando ahora una pastilla de yodo, ahora, mientras camino por este laberinto, ahora, que decidí romper el contacto cero y hablarte... a lo mejor podría pensar con optimismo e imaginar que salgo ileso de esta, que no me muero, que no me da cáncer, ni se me cae el pelo, ni los órganos se me vuelven papilla al mes de salir de las ruinas y volver a mi vida normal. Si estuviera masticando una pastilla de yodo para contrarrestar los efectos de la radiación, estoy seguro de que encontraría la salida.

Pero mi boca está vacía y pastosa. Dejé todo. Dejé la mochila y salí corriendo. ¿En qué estaba pensando, Claudia? Si yo sé que nunca se debe dejar la mochila. ¿Cuántas veces hemos acampado tú y yo? ¿Cuántas hemos dormido en esa casa de campaña y saciado la sed en aguas de riachuelos cuando teníamos las bocas así de vacías y pastosas? Pero tuve miedo y salí corriendo. Dejé mi mochila junto a la casa de campaña, los pomos de agua, las provisiones y tu libro de Mario Levrero.

Ahora, el escenario más optimista que se me ocurre es uno en que logro salir del laberinto. Sí, pero cuando ya estoy en mi casa, relajado, y pienso que todo el dolor va a provenir solamente de extrañar —de extrañarte a ti, a todos los que se fueron, a un país que desconozco y me desconoce, que me dejó huérfano sin haberme parido y viudo sin haberme amado jamás—, entonces es cuando llega el trancazo y amanezco con la boca llena de hormigas, como vaticinó el Rey de los Reparteros que amaneceríamos todos un día. Así es como funcionan las trampas y los laberintos. Te hacen creer que estás fuera y son ellos los que están dentro de ti. Te matan de dentro para fuera, te disuelven los órganos en una baba ácida y después llegan las hormigas a cargar con el resto.

La red

Yo no me quería matar, Benicio. Me tiré al río porque era lo que tenía que hacer. No estoy deprimida ni desesperada. Quiero que eso quede claro. Por supuesto que tuve días en que me dio el gorrión, como a todos los que alguna vez se fueron de su casa. Pero estoy bien. Yo no me quería matar. Puede que no lo entiendas. Puede que sea necesario, para entender, estar aquí y escuchar al río; oír su susurro y sentir la urgencia. Pero, al menos, estate tranquilo. Te prometo que no buscaba la mordedura de una yarará como método de suicido, como si fuera yo una heroína trágica. ¿Qué es eso de andar ofrendando mis pechos a la mordida de una serpiente? ¿Amamantar su naturaleza reptil a cambio de una muerte rápida? Sabes que detesto los actos de heroicidad, que los encuentro insinceros. Soy parte de una generación descreída y, a ratos, cínica, que se cansó de comprar las promesas de las revoluciones, los héroes y el futuro. Por no creer, no creo ni en el suicidio como acto simbólico. Tú me llamarás cobarde, ya lo hiciste una vez. Yo te llamaré crédulo. Benicio, eres crédulo en un contexto en que la credulidad cuesta más cara que la cobardía. En todo caso, es cuestión de elegir tu propio veneno. El mío no es el de la yarará. Te lo dejo claro. Esto fue lo que entendí: la yarará no representa un peligro. Ella y yo somos lo mismo para el río. Hijas a las que abrazar.

El laberinto

¿No tendrás tú una pastilla de yodo? No es tan loca mi pregunta. Siempre tuviste todo lo que yo necesitaba. Ahora necesito no morirme. Seguro que también puedes ayudarme con eso. Rompí el contacto cero, pero ¿me vas a decir que no tengo una buena razón para buscarte? Estoy contaminado, Claudia. No hay antídotos para esto. Camino por un laberinto y cuando salga, si es que salgo, me parece que no encontraré mi casa. Fuera, mi casa no existe. Tampoco existe el país que la contiene. No me lo vas a creer. Vas a pensar que me volví loco, pero el Coyote tenía razón. Tú no conoces al Coyote y eso no importa ahora. Que te baste saber que él tenía razón y las ruinas son un pliegue en el espacio-tiempo; un laberinto de mundos probables.

Algunos mundos son terribles, Claudia. Mucho peor que este en el que coincidimos tú y yo. Te lo juro. Sé que va a parecerte difícil imaginar un mundo más sádico que el que conocemos. O tal vez no, que para eso has leído muchísimas distopías. Pero hay mundos devastados por un invierno nuclear. En esos mundos ni siquiera llegamos a nacer. Hay mundos perversos, alienados; mundos en que los Ministerios prohibieron escribir poesía y todo lo que existe es una prosa propagandística y barata parecida a la que escribía aquel compañero tuyo de la facultad. Hay mundos donde un hombre drogó a su esposa, por años, y buscó a centenares de otros hombres para que la violaran mientras él lo grababa todo. Conozco de estos mundos por los vestigios que van cayendo en la zona. Resoluciones ministeriales impresas en la *Gaceta Oficial*, dibujos, diarios secretos, objetos cuya función ni siquiera puedo entender. Así deduje que hay mundos donde viven niños que nunca han visto la luz del sol. Otros donde los más longevos mueren a los veintisiete años.

Pero también hay indicios de mundos mejores que el nuestro. Fotografías, cuadernos, baterías inagotables, aspas de aerogeneradores, pequeñas máquinas de vapor. Ay, Claudia, esos mundos te gustarían. Unos en que no asesinan a las mujeres, en los que no se usan más los combustibles fósiles, en los que no hay *fast fashion* y cada individuo tiene derecho a una vivienda digna. Mundos sin refugiados climáticos y con agua potable para todos. Mundos donde existe Cuba pero no existe la palabra «exilio» ni la palabra «destierro», donde no tuviste una amiga que se fue ilegal del país cuando tenía diez años y de la que no volviste a saber. Una Cuba donde nadie se tiró al mar en una balsa; donde todos nuestros amigos viven en el lugar de siempre y el próximo sábado vamos a vernos en el Submarino Amarillo en un concierto de Luces Verdes.

Hay mundos en los que el cáncer no es una enfermedad mortal. Quisiera atravesar el laberinto y encontrarme en ese mundo. Pero es altamente improbable que eso suceda. Debería empezar a hacer las paces con la idea de que no hay pastillas de yodo que me puedan salvar.

La red

Me tiré al agua. El Delta me supo huérfana y me dio cobijo en su seno húmedo. Al sumergirme, mi cabeza se llenó de recuerdos. Me vi reptando entre la hierba en íntima convivencia con mi propio veneno. Me dije: «Soy la yarará. Conozco la historia de mi estirpe. Me enorgullezco de mi piel manchada y mi lengua viperina. Cazo para comer y como para vivir. No hay misterio en mis propósitos. Soy la yarará y soy el río».

En los segundos que llevo con la cabeza bajo el agua, he sido muchas otras cosas. Carpinchos, peces, aves pescadoras, una inconmensurable variedad de insectos. He sido microbios y rocas, algas de río, musgo y helechos. También, otras personas. Gente que vivió en el Delta hace mucho tiempo y gente que lo habita ahora. Fui un niño aborigen que nunca conoció una piel blanca. Fui una señora que tejía canastos y un comerciante de miel. Un adolescente enfermo de fiebre amarilla, que murió cuando aún no se había inventado el telégrafo. Fui una embarazada que dio a luz en las aguas del río. Fui un asesino, un feminicida que se deshizo del cuerpo de su víctima en esas mismas aguas. Fui cada uno de los trabajadores de las constructoras que fueron arrastrados por remolinos misteriosos. Y fui Elvira. Tuve su cabello negro y brillante, recogido en un moño apretado y luego suelto y revuelto por el hambre y los gemidos. Fui Pablo penetrando el cuerpo de Elvira, abriéndose paso entre el grito y el temblor. Y volví a ser todos los anteriores, en reversa, hasta regresar a mi piel de yarará y, de ahí, a esta piel mía primigenia.

El laberinto

No sé cuánto tiempo llevo recorriendo este laberinto. Puede que minutos, horas, años, eras geológicas enteras. El desastre nuclear en una línea en que Juraguá sí se construyó hizo expandirse la zona y quién sabe qué tan grande es ahora el espacio de indeterminación entre mundos. O si ya no hay tal espacio y todos los mundos se mezclaron. Debe de ser eso. Es la única explicación para que ahora estemos conversando tú y yo. Bueno, la única no; pero la mejor que se me ocurre.

Por un tiempo —no sé cuánto, pero en mi cabeza se sintió como muy largo— me estuve torturando con la idea de que yo había sido el causante del desastre nuclear. ¿Puedes creerlo? Así de inflado está mi ego. Yo había provocado que ocurriera. Inconscientemente, claro. Tampoco soy un psicópata. Pero lo pensé. Pensé que estaba tan roto que era incapaz de imaginar una línea temporal en que todo saliera bien. Tú me lo dijiste un día: el optimismo también es un privilegio. Por eso en Cuba no se escriben utopías.

Yo le hallé una explicación más individualista y barrial. Me faltaba aguaje y/o rutina. No estoy haciendo un chiste, en verdad lo creo. En la máxima de «Si tú no sirves pa matar, entonces deja que te maten», yo estaba del lado de los que se dejaban morir. O peor, de los que buscaban deliberadamente que los mataran. Un día me dijiste que era autodestructivo. Seguramente en eso también tuviste razón.

La red

Padezco la peligrosa compulsión de narrar. Sin embargo, soy incapaz de narrarme a mí misma. Eso es lo que he intentado hacer los días que llevo en el Delta y presiento que he fracasado. Me inventé vidas distintas, ucronías personalísimas de colores empañados. Pero... ¿cómo conseguir llegar al núcleo de mi ser si no conozco siquiera la historia de mis capas superficiales? No sé de dónde me viene esta boca, a qué otra boca se parece. Hay una mitad de mí que desconozco y, a veces, sospecho que puede ser una mitad aborrecible, maligna, abyecta. Benicio, ¡qué flagelo es la genética! ¡Qué invención descabellada la familia! Nosotros no tuvimos una familia como la de las postales y tampoco salimos tan mal, ¿no es cierto? Quizás debiéramos empoderarnos en nuestra bastardía y admitir que todo lo heredado ha sido una invención propia.

Cuando entré al río esas ansias de cartografiarme se aplacaron. Aprendí que soy una marca insignificante en el descomunal mapa de la vida terrestre. Que para un observador, externo e imparcial, mi existencia no es ni más importante ni siquiera más entretenida que la vida parsimoniosa y longeva del liquen que se pega a las rocas de una orilla.

¿Y así pretendo producir literatura? ¿Qué hay de la desconocida literatura que producen, en forma de clorofila, las plantas? ¿Qué sabemos de los relatos que se cuentan los hongos en la infinita noche de su rizoma? Por no hablar de

vertebrados, mamíferos y homínidos, de quienes tampoco sabemos nada y, lo peor, no nos interesa saber. Estamos sordos y ciegos ante esas literaturas. Y aun así soñamos con las estrellas; tenemos un erección cósmica al pensar que, un día, una especie superior y benévola se interesará en nuestra existencia. En la humana, la única que importa.

Al entrar al río todas esas distinciones entre especies desaparecen. Una se convierte en neurona de la inmensa red del río. La única literatura que interesa es la de la sinapsis que nos conecta a unos con otros.

El laberinto

En el centro del laberinto encontré una ceiba. Enorme y majestuosa. El hallazgo me produjo una extraña sensación de alivio, una sensación de haber regresado a casa. Me acerqué con cautela, como a un animal que pudiera atacar de repente. ¿Por qué había una ceiba en el centro del laberinto? Cuando puse la mano, mi mano diminuta y sin historia, mi mano contaminada e ignorante, en su tronco centenario, no tuve una visión ni se me montó un orisha, ni se me inoculó una idea a través de impulsos eléctricos, ni me salí de la matrix, ni fui una mariposa que soñó ser hombre, ni vi los ojos de mi abuela, ni entendí el sentido de la vida, el universo y todo lo demás. Nada extraordinario pasó. Excepto que supe que aquella ceiba, como entidad indivisible, habitaba más de una línea temporal. Que aquella ceiba era la misma en el mundo del invierno nuclear, en aquel donde los sóviets llegaron a Marte y también en el mundo donde jamás había ocurrido ni ocurriría un feminicidio. ¿En cuál de ellos había sido sembrada? ¿Cuál fue su hábitat primigenio? Eso no importaba. La ceiba en el centro del laberinto lo recordaba todo.

La red

He pasado la mayor parte de mi vida viviendo en una isla y siendo una. Ese ha sido mi primer error, pues Cuba no es isla, sino archipiélago. Los archipiélagos son conjuntos de islas agrupadas y cercanas entre sí. Mi naturaleza no tiene que ser el aislamiento, sino la cercanía con un otro que se me parece y me incluye. Benicio, nos convertimos en islas cuando guardamos silencio. Háblame. Mi último error no fue haberme ido, sino haber guardado silencio. Convertirme en isla solitaria adonde vienen a morirse de sed anónimos náufragos.

Pero las islas del Delta se saben acompañadas. El agua dulce las circunda y ellas florecen. Subterráneamente se comunican y se cuentan sus cuitas. Se duelen en la tierra erosionada de sus compañeras, en la cal que abrasa y el cemento que las aniquila. En el Delta aprendí a ser isla acompañada y a sentir compasión por mis hermanas que sufren. Yo, que fui hija única, hoy tengo una prole de islas hermanas que me archipiealagan y me cuidan. Como hago yo con ellas. ¿Quieres ser mi isla-hermana? Desearía abrazarte a pesar de los kilómetros que nos separan y proteger tus costas y arrecifes con un cerco de palabras.

El laberinto

Después de eones deambulando por el laberinto —un laberinto de concreto y polvo que se parece a veces a un basurero y otras a un páramo—, oí los aullidos de un animal. Los coyotes son conocidos por sus vocalizaciones y por cómo utilizan esos sonidos para comunicarse entre sí y marcar su territorio. Un coyote que aúlla en solitario, sin embargo, puede resultar algo desolador. Volteé mi cara hacia arriba y aullé con él. Arriba no había luna, solo ese cielo empañado del laberinto que no te deja saber si es día o es noche. El coyote me contestó con un aullido más urgente. Sonreí y traté de caminar hacia el lugar de donde provenían los sonidos.

En algún momento volvió a hacerse el silencio. Ahora todo es silencio, Claudia. Solo yo y mis pensamientos. Y tú como interlocutora. Más que cualquier otra cosa siempre fuiste para mí una interlocutora. Cuando me propusiste no volver a hablarnos, cuando te inventaste lo del contacto cero, supe que algo de mí iba a romperse para siempre. Pero aquí estamos de vuelta. La cabra tira pal *monte, decía mi abuela.*

Sin embargo, contra todo pronóstico, yo en lo que me he convertido es en un coyote. Uno que deambula por un laberinto, que es un espacio de indeterminación entre mundos. Este es mi territorio. Ahora lo entiendo. Las que hay entre los países no son las únicas fronteras que un coyote te puede ayudar a cruzar.

Pero ¿a quién voy a cruzar yo al otro lado, sea lo que sea ese otro lado? Estoy solo y sin propósito. «Desde hace rato», me dirás tú. Pero ahora es más evidente que nunca. Claudia, necesito que me dejes cruzarte al otro lado. Una última vez, al menos.

La red

Soy criatura múltiple. Una nueva forma de vida que prescindió de su cuerpo. El cuerpo es un apéndice que no me define. No me delimita. Apenas me contiene a ratos. Ahora poseo muchos otros cuerpos. «Poseer», no. «Poseer» es una palabra demasiado humana y, por lo tanto, demasiado imprecisa. Ahora habito muchos otros cuerpos de manera simultánea. No extraño mi humanidad. Allí todo era soledad y dolor. Acá casi todo es pulsación eléctrica y expansión. Abro mi memoria para que quepa en ella la historia entera del universo. Exagero. Entra a duras penas la historia de la Tierra, con sus eras geológicas, sus ciclos de extinciones masivas y su inevitable final.

La Tierra morirá cuando se apague su estrella. De aquí a cinco mil millones de años, el Sol habrá consumido todo su hidrógeno y comenzará a fusionar helio. Eso lo hará expandirse y convertirse en una gigante roja. Se expandirá tanto que devorará a sus planetas interiores, incluida la Tierra. Este es el verdadero final. Sin embargo, el fin del mundo llegará mucho antes y de otra forma.

De esto se trataba la urgencia. El río lo descifró y ha estado buscando la manera de comunicárnoslo. Estamos a las puertas de otra extinción masiva. Tampoco es la gran cosa. Ya lo hemos experimentado antes, como conjunto, pero el río es compasivo y se conduele de sus hijos y, aunque la mayor parte del no-tiempo seamos una sola entidad, a veces recuerda que existimos como individuos, que antes vivíamos como islas que olvidaron de qué archipiélago formaban parte, que borraron de su memoria que antes de archipiélagos y continentes fuimos Pangea.

El río lo había descifrado: anunciaba el cambio de fisonomía de nuestro planeta. Quisiera decir que esta noticia me produjo miedo, pero cuando se abandona el cuerpo y se empieza a formar parte de una red; cuando se es a la vez, carpincho, yarará y liquen; cuando se ha sido todas las vidas que sumergieron sus cuerpos en el río y dejaron allí su mente, el fin del mundo no produce tanto miedo. Porque «el fin del mundo» es una frase formada también por palabras demasiado humanas y, por lo tanto, demasiado imprecisas. El fin del mundo quiere decir el colapso de la civilización, la caída de la humanidad, la muerte postergada pero ya definitiva de Dios, el desmoronamiento de las jerarquías. Y yo, que soy criatura múltiple, una nueva forma de vida, entiendo —¡oh, Benicio, al fin entiendo!— que no son esas tan malas noticias.

El laberinto

Me llama la atención lo poco que he pensado en mi película. El tiempo pone las cosas en su lugar. El no-tiempo las hace desaparecer. La película nunca fue importante. Ni siquiera yo confiaba en su argumento. Eso debió de servirme de advertencia. Si no vas a escribir una historia que ponga al mundo patas arriba, ¿para qué escribes? Ya sé que estás totalmente en desacuerdo con esto. Tu visión de la literatura es muy distinta. Pero en algo sí coincidimos: los guiones cinematográficos son literatura y yo, un escritor bastante mediocre. Aun así, interlocutora mía, me animaste a seguir y me hiciste sentirme importante. Muy poco feminista de tu parte, también te digo. El mundo —nuestro mundo y muchos de los otros que nunca llegaremos a conocer— no necesita más hombres mediocres segurísimos de que están escribiendo la historia que pondrá al mundo patas arriba.

¿Sabes qué necesito yo, Claudia? Una pastilla de yodo. No te rías. Sí, volví con mi matraca. Si fueras tú la contaminada, a ver cómo te ibas a poner de insistente. Necesito una pastilla de yodo. En realidad, no la necesito. Las pastillas de yoduro de potasio no son un antídoto universal contra la radiación. Se toman, de hecho, como medida preventiva para evitar, únicamente, el cáncer de tiroides resultado de una exposición a yodo radioactivo. Tú lo sabías todo este tiempo y no me lo dijiste, me seguiste la rima como lo has hecho siempre. Pero

yo también lo he sabido. Desde que toqué ese guante de protección radioactiva lo supe. Lo que pasa es que necesitaba un asidero para continuar.

El deambular por este laberinto me ha conducido a un nuevo umbral. Hay una pared, Claudia. Y al otro lado se oye el sonido del mar. Pego mi oído y oigo las olas chocar contra el concreto. No sabes la felicidad que producen las olas. O sí lo sabes. Perfectamente. Es lo más parecido a la libertad que alguien nacido en una isla puede llegar a sentir.

En la pared hay un conducto. Creo que sé exactamente dónde estoy, Claudia. Es el canal. El canal que construyeron para el enfriamiento del núcleo del reactor. Y ahora, el canal de parto para que yo renazca a una nueva vida.

Lo que hay del otro lado importa poco. En realidad importa mucho, pero no quiero pensar en lo que me encontraré.

Aunque quizás sí debiera pensarlo y muy seriamente. «A la zona le importamos una mierda. No hay nada allá adentro que conceda deseos», creo oír decir al Coyote.

Tú no conoces al Coyote, pero que te baste con saber que una vez me dijo esto. El Coyote. Qué sabrá él, en cualquier caso.

Claudia, si yo desencadené el desastre nuclear, tal vez ahora pueda invocar una realidad distinta y menos cruel. Uno de esos mundos donde las cosas no salieron tan torcidas. Sin embargo, me temo que no funciona así. En el mejor de los casos, la zona sabrá qué es lo que realmente deseo y hacia qué lado caerá la moneda en esta pesadilla cuántica.

Como sea, saldré de este laberinto.

La próxima extinción

La Tierra tiene mensajeros que hablan claro, pero lo hacen en un idioma que desconocemos. Debíamos aprender a descifrar el aullido del coyote, el tacto áspero del tronco de la ceiba, el murmullo del mar del otro lado del muro, el río. Ahora entendemos. No era posible entender por separado. No era posible entender siendo apenas Claudia o Benicio... o cualquier entidad individual. Teníamos antes que conectarnos y volvernos uno.

Ahora podemos anunciar que el río, la computadora cuántica que devino el río ha pronosticado la próxima extinción masiva. En ella, la humanidad depondrá su reino. No seremos los únicos en extinguirnos. Nos llevaremos por delante otras especies. Volverán a sobrevivir los más adaptables, los pequeños y escurridizos, los astutos.

Ya ha pasado antes. En el planeta que habitamos se han sucedido cinco grandes extinciones masivas, aunque apenas hablemos de la última, la que se llevó a los dinosaurios. Las extinciones anteriores hicieron desaparecer formas de vida más simples: insectos, corales, artrópodos..., criaturas que, a los mezquinos ojos de la humanidad, serían insignificantes. Sin embargo, la Tierra recuerda cada latido que la pobló, atesora en su memoria infinita absolutamente todo. Quienes hundimos los pies en el suelo del laberinto, quienes nos metimos al río, quienes abrazamos árboles milenarios o disolvimos nuestras carnes en babas mortíferas de monocultivos o nos fundimos en la contaminación radioactiva dejada por absurdas guerras o quedamos varados en cualquier otra zona extraordinaria de este planeta, estamos aprendiendo a deshacernos de la tara del individualismo. Estamos aprendiendo a recordar a los trilobites, los peces acorazados, los helechos arborescentes, los ammonites y toda forma de vida que nos precedió. A condolernos de los ausentes y archipialagar a los que todavía siguen aquí.

En cada extinción desapareció el setenta y cinco por ciento de las especies terrestres. Las causas fueron, en muchos casos, azarosas: erupciones volcánicas, glaciaciones intensas, anoxia oceánica, el impacto de un asteroide. Desaparecer es más natural que existir. El milagro de la vida es más extraño que el de la destrucción. Tal es así que existe en biología algo llamado «tasa de extinción de fondo». Se refiere al ritmo normal al que desaparecen las especies cuando no hay eventos catastróficos de por medio. Según esta tasa, por ejemplo, debería desaparecer una especie de mamífero cada mil años. Hoy, por el efecto de los humanos, el número es muchísimo mayor. Cientos de especies desaparecen en ese mismo lapso de tiempo. ¿Acaso no es evidente que la sexta extinción masiva está en curso?

La belleza de lo cuántico es que nada es absoluto. Una cosa puede ser varias al mismo tiempo. Así, las maneras en que se producirá esta nueva extinción también son múltiples. Podrá llegar en la forma de otra pandemia, del deshielo final de los casquetes polares, de un cambio climático letal o de un invierno nuclear. O incluso en una combinación de todas las anteriores.

La muestra más grande de la soberbia humana fue habernos creído inmortales. Y aun así, el río parece decirnos, con su murmullo diáfano, que hay remedio. Esa es la belleza de lo variable, que nada es absoluto, ni siquiera la muerte; que todo es reversible, incluso la destrucción. Sobreviviremos los rotos, los que abrazamos el contagio, los que dejamos atrás el cuerpo, los que entendi-

mos que no somos individuos sino colectividades, colonias de microorganismos, hermanos del liquen y parte de una red en la que el río es apenas un nudo, una ínfima célula, un botón pulsante, una neurona haciendo sinapsis y entendiéndolo todo por primera y última vez desde el propio centro de su no-tiempo.

© Adrián Replanski

Maielis González (La Habana, 1989) narradora, investigadora y divulgadora literaria. Su literatura toma como centro la ficción especulativa y lo fantástico para explorar sus derivas en contextos del Sur Global. Cuentos y ensayos suyos han aparecido en antologías de Abya Yala y España, como *El tercer mundo después del sol. Antología de ciencia ficción latinoamericana* (Minotauro, 2021) e *Hijas del futuro. Literatura de ciencia ficción, fantástica y de lo maravilloso desde la mirada feminista* (consonni, 2021). Sus libros de narrativa se han publicado a ambos lados del Atlántico, siendo el más reciente la novela afrofuturista *Palenque* (Cuatro Lunas, 2025). Es co-creadora, junto a la traductora Sofía Barker, del pódcast *Las Escritoras de Urras*, un proyecto transmediático para la difusión de autoras contemporáneas que escriben géneros fantásticos, galardonado en 2021 y 2022 con el Premio Ignotus a Mejor Producción Audiovisual. Actualmente es profesora de Escritura creativa en la Escuela de Escritores de Madrid.

YEGUA DE TROYA

Dile hola a la literatura de las Yeguas del Sur

En el caballo de madera se escondían las potrancas rabiosas de alocadas crines, dispuestas a contaminarnos un poco con el fulgor del apocalipsis. En su asalto a la ciudad letrada, las Yeguas del Sur hablan la lengua del fuego, las palabras del monstruo, el eco del cruce y el desierto. No esperaban que sobrevivieran, pero las criaturas plebeyas son a la vez mitos y máquinas de guerra, escriben con su leche embriagadora, con sus caras de nanas y el color puerta de sus pieles abiertas como heridas. Yeguas en calor, nietas de las negras y negros de las plantaciones, de las indias e indios de los socavones; hijas chupasangres de Gloria Anzaldúa y Pedro Lemebel, escriben por su diferencia con el tigre caminando sobre su espalda. No las viste venir, pero aquí están: híbridas, peludas, encarnadas. Y traen pensamiento de abajo, contraescritura del vértigo, idolatría extirpada, arte popular, ruido migrante en libros insurgentes decididos a sangrar en la plaza mayor de la Europa fortaleza en su momento más cringe.

Para componer el catálogo hípico 2025-2026, las portadas de color marrón, nos regodeamos en escrituras sudakas, vidas de malinches, memorias bastardas, fronteras rotas, amores en los conos y en la diáspora, porque toda apuesta artística debe ser también una apuesta política. Y esta es una apuesta por las desterradas, por la incomodidad de sus cuerpos y la impureza de sus voces, porque no hay nada más contaminable que la literatura. Saben que operan en las entrañas de esas mismas estructuras que las dejaron fuera, pero se permiten ser, toman lo que les deben, dan lo que les falta, fluyen por las rendijas de las puertas de acceso, incesantes, íntimas, traicioneras.

Gabriela Wiener

Entra en la ciudad sitiada y descubre las nuevas voces de la literatura hispánica

En febrero de 2004 Caballo de Troya anunció la salida de sus primeras novedades y mostró sus señas de identidad: un sello con perfil de editorial independiente integrado paradójicamente en un gran grupo. Hoy se puede afirmar que dicha paradoja ha funcionado con eficiencia y sin contradicciones. Caballo de Troya, que tiene como principal objetivo servir como plataforma editorial para nuevas voces literarias hispánicas, ha puesto un centenar de títulos en el mercado español con una muy favorable acogida por parte de la crítica más atenta y de los puntos de venta con mayor tradición y relevancia literaria.

Fundado por Constantino Bértolo, el sello ofreció a autores españoles o latinoamericanos reconocidos hoy en día hospitalidad, apoyo o un primer impulso. En 2014 el proyecto tomó un nuevo rumbo: cada año un editor invitado es el encargado de sumar sus apuestas al catálogo. Caballo de Troya es hoy una referencia entre los autores más jóvenes y más ambiciosos literariamente. Una editorial para nuevas voces, nuevas narrativas, nuevas literaturas.

AÑO 2015:
ELVIRA NAVARRO

«He privilegiado las ficciones que establecían un diálogo crítico con el presente. La mayoría de los libros que he seleccionado tratan sobre la identidad y las herencias en todas sus variantes, temas estos que también protagonizan mis escritos».

La cosecha de Elvira Navarro dio con uno de los éxitos más destacados de la editorial: *El comensal* (Premio Euskadi de Literatura), una novela autobiográfica en la que Gabriela Ybarra trata de comprender su relación con la muerte y la familia a través de dos sucesos: el asesinato de su abuelo a manos de ETA y el fallecimiento de su madre. Algunas de las obras que conforman el año de Elvira Navarro versan también sobre las herencias políticas y familiares, teniendo el conjunto de su catálogo los legados como hilo conductor.

TÍTULOS PUBLICADOS

La edad ganada,
Mar Gómez Glez

Sin música,
Chus Fernández

Yosotros,
Raúl Quinto

La vida periférica,
Roxana Villarreal

Fuera de tiempo,
Antonio de Paco

El comensal,
Gabriela Ybarra

Meteoro,
Mireya Hernández

Filtraciones,
Marta Caparrós

AÑO 2016:
ALBERTO OLMOS

«Pretendo que el conjunto de los títulos que se publican bajo mi interinidad conforme un despliegue coherente, un discurso; una conversación».

Alberto Olmos cuenta entre sus apuestas como editor de Caballo de Troya con el IV premio Hispanoamericano de Cuento Gabriel García Márquez. Los relatos de *El estado natural de las cosas* se adscriben en el género fantástico, pero lo modulan y deforman para volverlo a su vez denuncia y retrato de los tiempos que nos ha tocado vivir. Un éxito similar ha tenido *La acústica de los iglús*, conjunto de cuentos en los que la matemática de la música y de la vida arrojan el resultado sonoro que registra la mirada única de su autora. Las cuatro novelas que cierran las apuestas de Olmos se suman al diálogo que quiso abrir como editor, una conversación sobre el pasado, sobre la corrupción moral y política; un diálogo lírico sobre la supervivencia y la comprensión.

TÍTULOS PUBLICADOS

La pertenencia,
Gema Nieto

Los primeros días de Pompeya,
María Folguera

La fórmula Miralbes,
Braulio Ortiz Poole

El estado natural de las cosas,
Alejandro Morellón

La acústica de los iglús,
Almudena Sánchez

Felipón,
David Muñoz Mateos

AÑO 2017:
LARA MORENO

«Hay algo que atraviesa cada libro que he escogido y los une: la voz de cada uno, la búsqueda de comunicar a través de lo literario, el grito que la narrativa supone en la vida del escritor. Por eso están ahí».

Lara Moreno inauguró su año en Caballo de Troya con *La hija del comunista*, reconocida con el premio El Ojo Crítico. Esta novela íntima atravesada por la Historia cuenta la vida de unos exiliados republicanos españoles en Berlín, antes de la construcción del muro, durante y después de su caída. Cruzadas en su práctica totalidad por las experiencias personales de sus autores, las obras seleccionadas por Lara Moreno comparten una voluntad de entender. Sus autores interrogan a su pasado o a su presente rebuscando en las raíces de su familia, en situaciones laborales llevadas al límite o en los rincones del mundo y la literatura que acaban conformando nuestros destinos individuales.

TÍTULOS PUBLICADOS

La hija del comunista,
Aroa Moreno Durán

Hamaca,
Constanza Ternicier

Televisión,
María Cabrera

Animal doméstico,
Mario Hinojos

Madre mía,
Florencia del Campo

En la ciudad líquida,
Marta Rebón

AÑO 2018: MERCEDES CEBRIÁN

«El catálogo de 2018 es verdaderamente polifónico; lo he seleccionado confiando en mis corazonadas y en mis años de experiencia en el mundo literario».

Mercedes Cebrián ha escogido cuidadosamente seis historias que conforman un abanico narrativo ciertamente heterogéneo: desde los diarios de una adolescente española en los años noventa en *Y ahora, lo importante*, hasta las descripciones de una región gobernada por la oscuridad, en la que un mineral recoge las voces de sus habitantes, en *Umbra*. Destacan también las experiencias de *Florentina*, una mujer que tuvo que emigrar de Galicia a Argentina a principios del siglo XX en busca de una vida mejor. Junto con el resto del catálogo ideado por Cebrián, estas tres apuestas nos acompañan en un viaje por distintas épocas y espacios que, como toda buena travesía, nos cuestiona y nos enfrenta con nuestra propia realidad.

TÍTULOS PUBLICADOS

Y ahora, lo importante,
Beatriz Navas Valdés

Las ventajas de la vida en el campo,
Pilar Fraile

Florentina,
Eduardo Muslip

Para español, pulse 2,
Sara Cordón

Umbra,
Silvia Terrón

Maratón balcánico,
Miguel Roán

AÑOS 2019-2020: LUNA MIGUEL Y ANTONIO J. RODRÍGUEZ

«Nuestro deber aquí también era anunciar, asentar y reivindicar lo que tímidamente se había mostrado como la literatura de una nueva generación, esa cuyas fechas de nacimiento oscilan entre mediados de los ochenta y principios de los noventa, y que, por mucho que lo hubiera intentado, tardó en encontrar su espacio».

Luna Miguel y Antonio J. Rodríguez hilvanan el grito generacional de una nueva ola de autores y pensadores. Las distintas voces intentan remendar, o al menos explicarse, las fisuras y los desgarrones que las expoliaciones de la sociedad moderna han causado en los jóvenes. Hay reflexiones incómodas que indagan en las masculinidades tóxicas y en los feminismos, hay vértigo ante el paso a la edad adulta, historias de migración e identidades partidas, un relato del aborto clandestino en Chile o una perspectiva íntima de trabajadores de una corporación dedicada a la evasión fiscal. Hay poesía, emoción e ironía para cuestionar, observar y desmontar los roles de género, la precariedad y la política.

TÍTULOS PUBLICADOS

Game Boy,
Víctor Parkas

Cambiar de idea,
Aixa de la Cruz

ama,
José Ignacio Carnero

Había una fiesta,
Marina Riudoms

Listas, guapas, limpias,
Anna Pacheco

Cómica,
Abella Cienfuegos

Litio,
Malén Denis

Reina,
Elizabeth Duval

Animal de nieve,
Dara Scully

Nada ilegal, nada inmoral,
Adrián Grant

Desencajada,
Margaryta Yakovenko

Y tú, ¿tan feliz?,
Bárbara Carvacho

AÑOS 2021-2022: JONÁS TRUEBA

Jonás Trueba toma el relevo como editor conformando un catálogo de autores genuinos que traspasan la representación de un pulso generacional. Así pues, las voces de este año ofrecen distintas miradas y épocas, desde la recuperación de una obra que trasciende la actualidad y cuyo autor falleció de forma prematura, pasando por una historia que reflexiona sobre las herencias sociales y familiares, hasta llegar a un autorretrato emocional narrado con un extraordinario lirismo poético. También cuenta con un libro generoso e inspirador que pone de manifiesto los senderos creativos de varios autores, y dos obras con las que resistir al desconsuelo de la realidad de formas muy distintas: una, a través de la compasión humana, y otra, a través de la belleza de la música y los paisajes de otras vidas.

Estas obras seleccionadas ponen de manifiesto la importancia que tiene la lectura para el editor en el contexto actual, donde los libros representan, en sus palabras, «un espacio de reconexión, allí donde se hace posible el encuentro entre diferentes miradas, sensaciones o lugares».

TÍTULOS PUBLICADOS

Todo sigue tranquilo,
Chusé Izuel

Niños aparte,
Julieta Valero

Casa se busca,
Socorro Giménez

Cuadernos,
Andrés Di Tella

La parcela,
Alejandro Simón Partal

Vilnis,
Bárbara Mingo

Todos deberíamos romper,
Marta Gordo

La Navidad de los lobos,
Fran Gayo

Gente que ríe,
Laura Chivite

Las mejores condiciones,
Manuel Pacheco

Proletaria consentida,
Laura Carneros

Llego con tres heridas,
Violeta Gil

AÑOS 2023-2024: SABINA URRACA

En su etapa como editora invitada, Sabina Urraca buscó rarezas y quiso continuar un propósito: no claudicar en la artesanía de la edición, con la libertad de trabajar en libros abiertos, en ciernes, hasta poder sentir que había frotado cada tesoro con el brío necesario, pero siempre con el cuidado de no borrar su misterio. Quiso también llegar hacia lugares que no le quedaran muy de paso, alisando los dobleces de un mapamundi por el que se movía la literatura viajante, de la migración, que es de varios sitios, y que es algo que puede escribirse en el móvil en un avión o simplemente en la cabeza. Encontramos relatos sobre la infancia y los abusos sexuales, un retrato del sistema patriarcal y opresor de Cuba, un libro que ahonda en los afectos de la amistad masculina, una colección de relatos que es todo un manual de observación de la vida, una novela sobre una familia de Medellín dedicada al espectáculo, una obra que desmonta la institución de la familia. También descubrimos una historia líquida en las Galápagos, una obra de culto gay del México de los setenta, una novela sobre mujeres isleñas que a su vez son islas, otra sobre mujeres que beben, otra sobre la migración escrita en aviones y, por último, una historia paternofilial de soledad y aislamiento.

Doce libros, doce misterios encerrados en el caballo. «Una vez dentro de la ciudad fortificada, abramos la trampilla de su barriga. Entremos en él».

TÍTULOS PUBLICADOS

Leche condensada,
Aida González Rossi

La puta y el hurón,
Martha Luisa Hernández Cadenas

Los bloques naranjas,
Luis Díaz

Se te oscurece el pelo,
María José Hasta

Ya nadie canta,
Manuela Espinal Solano

Papá nos quiere,
Leticia G. Domínguez

Galápagos,
Fátima Vélez

El vampiro de la colonia Roma,
Luis Zapata

Jarroa,
Andrea Fernández Plata

Borracha menor,
Sofía Balbuena

Rom Com,
Claudia Muñiz

La tos,
Alberto Otto

Si te ha gustado *Nuclear*, te recomendamos:

LAS NEGRAS (2025)
Yolanda Arroyo Pizarro

En esta nueva edición ampliada del libro de culto de Yolanda Arroyo Pizarro, las mujeres del pasado se cruzan con las del presente y las del porvenir en una operación político literaria-afrofuturista. Ficciones que hacen inventario de estrategias para la supervivencia, invocan la hermandad identitaria y construyen una épica de la transgresión.

Ninguna autora ha contado el papel de las mujeres en la lucha contra la esclavitud y la colonización en el Caribe como Arroyo Pizarro. Discurren por estas páginas cuerpos en fuga, la negra matrona especializada en no dejar vivir a los bebés de sus hermanas en esclavitud, la nodriza del señorito reconvertida en objeto de deseo. Pero la de *Las negras* no es una historia de resistencia pasiva a esa institución perversa, ni transita únicamente la condena doméstica y la violencia sexual que les impone el amo. *Las negras* es la revolución contada por las que no contaban.

LA PUTA Y EL HURÓN (2023)
Martha Luisa Hernández Cadenas

Mary, una joven artista de La Habana, hace todo lo que está al alcance de su mano por no convertirse en un hurón. ¿Qué es un hurón? El súbdito de la revolución, el incondicional del mensaje mesiánico de Fidel, todo miembro de esa casta respetable que vigila, controla y sojuzga hasta el secreto más íntimo de la vida de cualquier cubano. Entre los amigos de Mary no hay hurones, pero ninguno de ellos puede escapar del todo a sus garras.

La puta y el hurón es una performance furiosa que tira de una esquina de la manta que oculta toda la podredumbre del sistema opresor y patriarcal cubano. Martha Luisa Hernández Cadenas, figura central de la contracultura cubana actual, despliega ante el lector el grito de los que fueron ordenados a callar y obedecer. Lo estira, lo retuerce. Esta novela nos narra cómo una generación de cubanos se revuelve, se enfurece e intenta no sucumbir al horror que se les ofrece como única posibilidad.

UMBRA (2018)
Silvia Terrón

Umbra transcurre en un futuro en que los humanos ya no pueden emitir sonidos y el planeta ha quedado dividido en una región de luz y otra -llamada Umbra- de sombra. Los ecos de las voces de nuestro presente se fosilizaron en un mineral llamado «ecoral», que es la principal fuente de energía. Las clases altas rompen fragmentos de mineral para liberar el eco prisionero que suena una última vez antes de desaparecer. Pero el mineral escasea, por eso gran parte de la población de Umbra vive privada de voz y entre tinieblas, comunicándose de manera táctil. ¿Cómo sobreponerse a ello? ¿Cómo reconstruir nuestra voz en un mundo de silencio y oscuridad?